おべんきょうチェック☆シート

できたら
シールを　はろう!

いっしょに
ワクワク！チャレンジ
を　はじめよう。

もくひょう
らん

スタート

1
2
3
4
5
6
ときめき
グッズをゲット！
がんばろう♪
7
8
9

ゴールを　めざして
ひとつずつ　やってね。
おうえんするよ。

10
11
12
13
お花を見てると
やさしい気分(きぶん)に
なるの☆
14
15
光かがやく
ジュエルが
まぶしいね♡
19
20

21
22
23
24
25
むねが　ときめく☆
お花の　いい　におい☆
26
ちょうど
はんぶんまで　きたよ！
やったねっ！
27
28
29
30
31
32
33
34
35
チューリップを
花びんに入れよう♪
36
37
38
もう　少しで
おわりだよ。さいごまで
しっかりやろう！
39
40
41
42
とくべつな
かわいい
アクセサリー　はっ見♪
43
44
45
おめでとう！
ゴールに　とうちゃく。
すごいですわ。
46
47
48
ゴール

レクション

4(し)は(よん)
7(しち)は(なな)
9(く)は(きゅう)
とよむことがあるよ

だん

=5
=10
=15
=20
=25
=30
=35
=40
=45

6のだん

6×1=6
6×2=12
6×3=18
6×4=24
6×5=30
6×6=36
6×7=42
6×8=48
6×9=54

7のだん

7×1=7
7×2=14
7×3=21
7×4=28
7×5=35
7×6=42
7×7=49
7×8=56
7×9=63

8のだん

8×1=8
8×2=16
8×3=24
8×4=32
8×5=40
8×6=48
8×7=56
8×8=64
8×9=72

9のだん

9×1=9
9×2=18
9×3=27
9×4=36
9×5=45
9×6=54
9×7=63
9×8=72
9×9=81

九九 コ

1のだん

1×1＝1
1×2＝2
1×3＝3
1×4＝4
1×5＝5
1×6＝6
1×7＝7
1×8＝8
1×9＝9

2のだん

2×1＝2
2×2＝4
2×3＝6
2×4＝8
2×5＝10
2×6＝12
2×7＝14
2×8＝16
2×9＝18

3のだん

3×1＝3
3×2＝6
3×3＝9
3×4＝12
3×5＝15
3×6＝18
3×7＝21
3×8＝24
3×9＝27

4のだん

4×1＝4
4×2＝8
4×3＝12
4×4＝16
4×5＝20
4×6＝24
4×7＝28
4×8＝32
4×9＝36

5の

5×
5×2
5×3
5×4
5×5
5×6
5×7
5×8
5×9

この　ドリルの　つかいかた

れんしゅうの ページ

おたのしみの ページ

まとめの ページ

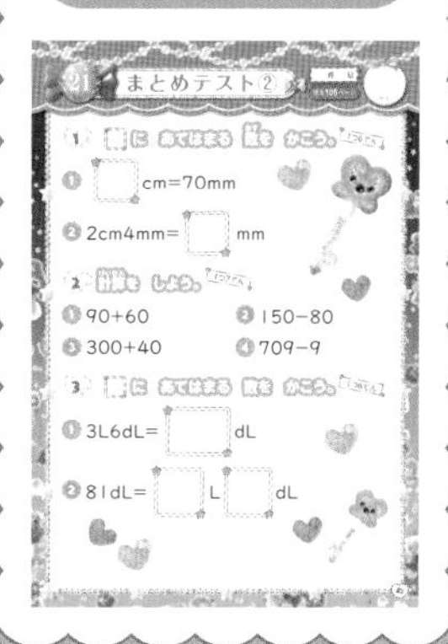

2年生で ならう
算数(さんすう)の もんだいを
れんしゅうするよ。
できたら おうちの 人に
答(こた)え合(あ)わせを
してもらおう!

考(かんが)える 力を つける
もんだいに チャレンジ!
もんだい文を よく 読(よ)んで
ぜんもん正かいを
目ざそう♪

これまでに
れんしゅうした
もんだいを
ふくしゅうするよ!
まん点(てん)を 目ざして
がんばろう♪

おうちの方へ

- このドリルでは，2年生で習う算数の問題のうち，計算問題を中心に掲載しています。
- 解答は 101～112 ページにあります。問題を解き終えたら，答え合わせをしてあげてください。

おとなの　まほうつかいに　なりたい　女の子たちの　おはなし

まほうおうこくの　かがやく　なかまたちが　やってきた。

いっしょに　がんばる　お友だち

この　本に　たくさん　出てくる　お友だちだよ。いっしょに　がんばろう！

シエル

みんなの
お兄さんてき
そんざい。
こまった　ときに
そっと　助けて
くれるよ。

デイジー

・まほうつかい見ならいの
元気な　女の子。
・海や　山で
あそぶのが　大すき！

ピオニー

・まほうつかい見ならいの
クールな　女の子。
・お花を　そだてるのが
とくいなの。

かん字や　アルファベットの
本に　たくさん　出てくる
お友だちも
しょうかいするよ！　この
本にも　いるからね！

アッサム

・デイジーの　お花に
まもられて　いるよ。
・とっても　やさしい
男の子なの。

チャイ

・ピオニーの お花に
まもられて いるの。
・ちょっと　食いしんぼうな
男の子だよ。

小2計算もくじ

たし算の　ひっ算(1)

答え101ページ

1 たし算を　ひっ算で　しよう。

たての　くらいを
まっすぐ
そろえましょう。

① $$\begin{array}{r} 24 \\ +13 \\ \hline \end{array}$$

② $$\begin{array}{r} 41 \\ +46 \\ \hline \end{array}$$

③ $$\begin{array}{r} 56 \\ +22 \\ \hline \end{array}$$

④ $$\begin{array}{r} 37 \\ +61 \\ \hline \end{array}$$

⑤ $$\begin{array}{r} 82 \\ +14 \\ \hline \end{array}$$

⑥ $$\begin{array}{r} 19 \\ +70 \\ \hline \end{array}$$

⑦ $$\begin{array}{r} 63 \\ +35 \\ \hline \end{array}$$

⑧ $$\begin{array}{r} 75 \\ +24 \\ \hline \end{array}$$

⑨ $$\begin{array}{r} 50 \\ +15 \\ \hline \end{array}$$

⑩ $$\begin{array}{r} 28 \\ +61 \\ \hline \end{array}$$

2 青の　あさがおが　13こ
ピンクの　あさがおが　25こ
さいているよ。
あわせて　何こかな？

しき

早く　花が　見たいな。
せい長のじゅもん！
グロロロローン！

こたえ 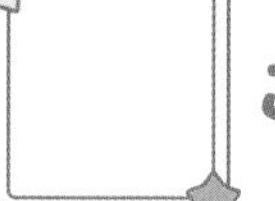 こ

3 うさぎの　赤ちゃんが　24ひきと
りすの　赤ちゃんが　51ぴき　うまれ
たよ。あわせて　何びきかな？

しき

まほうで　おやつを
あげようかな☆

こたえ  ひき

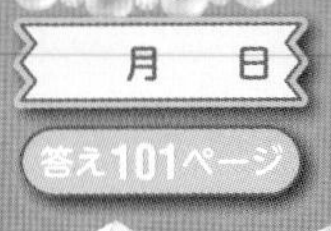

2 たし算の　ひっ算(2)

1 たし算を　ひっ算で　しよう。

① $\begin{array}{r} 36 \\ +25 \\ \hline \end{array}$

② $\begin{array}{r} 71 \\ +19 \\ \hline \end{array}$

一のくらいの
たし算が
10を　こえたら,
ハートに　1を
かこう！

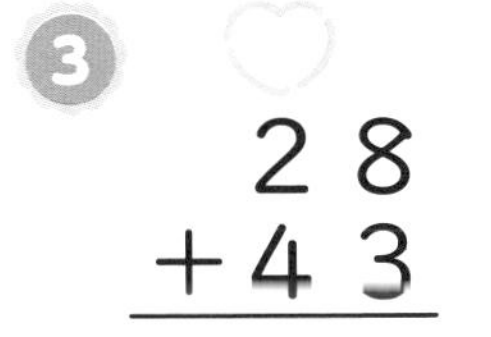

③ $\begin{array}{r} 28 \\ +43 \\ \hline \end{array}$

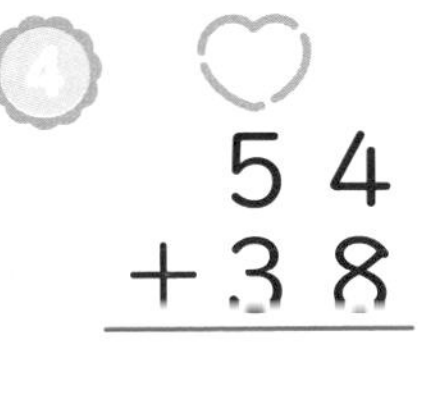

④ $\begin{array}{r} 54 \\ +38 \\ \hline \end{array}$

⑤ $\begin{array}{r} 49 \\ +47 \\ \hline \end{array}$

⑥ $\begin{array}{r} 65 \\ +18 \\ \hline \end{array}$

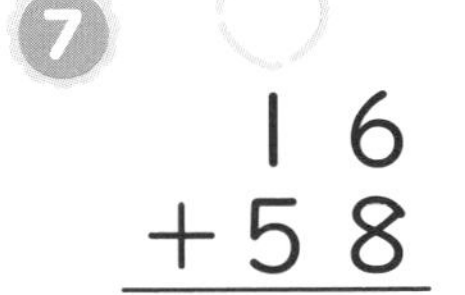

⑦ $\begin{array}{r} 16 \\ +58 \\ \hline \end{array}$

⑧ $\begin{array}{r} 58 \\ +37 \\ \hline \end{array}$

たして
10のときは,
0をかくのを
わすれずにね。

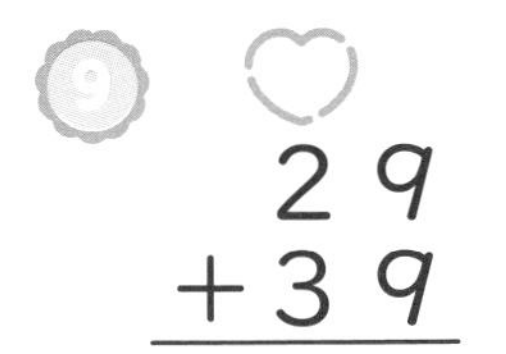

⑨ $\begin{array}{r} 29 \\ +39 \\ \hline \end{array}$

⑩ $\begin{array}{r} 27 \\ +66 \\ \hline \end{array}$

2 まほうの 家(いえ)に
おとなが47人 子どもが
37人 すんでいるよ。
ぜんぶで 何人(なん)かな？

しき

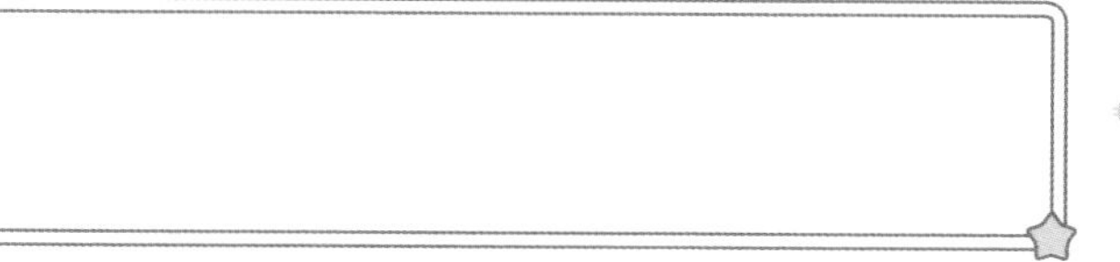

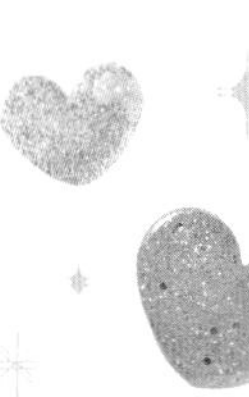

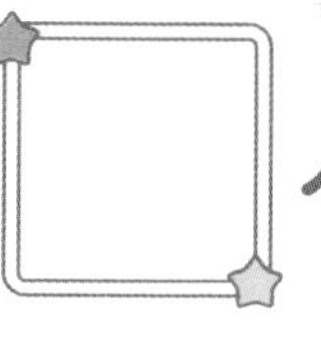

こたえ 人

3 えりさんと お母(かあ)さんは
いちごがりに 行(い)ったよ。
えりさんは 28こ，
お母さんは 45こ
とったよ。いちごは あわせて
何こ とれたかな？

しき

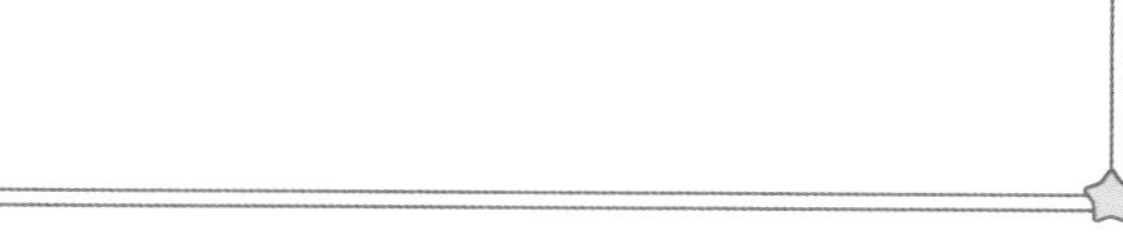

こたえ こ

3 たし算の　ひっ算(3)

答え101ページ

1 たし算を　ひっ算で　しよう。

① $\begin{array}{r} 43 \\ +39 \\ \hline \end{array}$

② $\begin{array}{r} 52 \\ +38 \\ \hline \end{array}$

くり上がりでも
キラリ～ンと
といちゃいましょ☆

③ $\begin{array}{r} 66 \\ +27 \\ \hline \end{array}$

④ $\begin{array}{r} 78 \\ +18 \\ \hline \end{array}$

⑤ $\begin{array}{r} 37 \\ +47 \\ \hline \end{array}$

⑥ $\begin{array}{r} 29 \\ +56 \\ \hline \end{array}$

⑦ $\begin{array}{r} 13 \\ +67 \\ \hline \end{array}$

⑧ $\begin{array}{r} 75 \\ +16 \\ \hline \end{array}$

⑨ $\begin{array}{r} 54 \\ +29 \\ \hline \end{array}$

⑩ $\begin{array}{r} 48 \\ +19 \\ \hline \end{array}$

2 みどりの　ほう石が　35こ，
むらさきの　ほう石が　45こ
あるよ。ほう石は　あわせて
何(なん)こかな？

しき

こたえ　　こ

3 トランプの　カードは　赤が　26まい，
黒(くろ)も　26まい　あるよ。
赤と　黒の　カードを　あわせると
何まいかな？

しき

こたえ　　まい

4 たし算の　ひっ算(4)

1 たし算を　ひっ算で　しよう。

① $57 + 13$

② $45 + 28$

じゅもんが
なくても
とけますよ。

③ $39 + 52$

④ $64 + 28$

⑤ $26 + 38$

⑥ $46 + 46$

⑦ $35 + 56$

⑧ $17 + 69$

いっぱい
れんしゅう
したもんね。

⑨ $44 + 37$

⑩ $73 + 19$

2

33円の　まほうペンと
48円の　ひみつのメモを
買(か)ったよ。あわせて
何(なん)円かな？

ピオニーと　おそろいで
ほしいなぁ！

こたえ  円

3

キラキラの　シールを　54まい
もっているよ。
ピオニーから　39まい　もらうと
あわせて　何まいに　なるかな？

しき

ひっ算なら
まほうみたいに
いっしゅんで
数(かぞ)えられるよ！

こたえ  まい

5 考える力を つけよう 1

① 　月　日　答え102ページ

まほうで 数字を もように かえたよ！
同じ数字は 同じ もように かえたんだ。
もとの 数字はわかるかな？

モカの いじわる〜。でも，0，1，3は
もように かわって いないから，もように
なったのは，0，1，3ではないよね。

そのとおり！その ちょうしで 考えてみよう。
これが わかったら たのしくなるよ！

　3
＋　1
――――

1
＋
――――
　0

＝ あ □

＝ い □

＝ う □

＝ え □

2
答えが　同じになる　しきは　どれかな？
計算しないで　えらぼう。
そんなまほうみたいなこと
できるのかな？
算数は　まほうよりも　つよし！
十の　前後の　数に　ちゅうもくしよう。
答えが　同じになる　しきを　線で　むすぼう。
24+35
42+53
35+24
5+26
26+50
53+42
26+5

6 ひき算の　ひっ算(1)

1 ひき算を　ひっ算で　しよう。

① $\begin{array}{r} 63 \\ -52 \\ \hline \end{array}$

② $\begin{array}{r} 48 \\ -25 \\ \hline \end{array}$

③ $\begin{array}{r} 94 \\ -32 \\ \hline \end{array}$

④ $\begin{array}{r} 79 \\ -73 \\ \hline \end{array}$

⑤ $\begin{array}{r} 65 \\ -41 \\ \hline \end{array}$

⑥ $\begin{array}{r} 57 \\ -36 \\ \hline \end{array}$

⑦ $\begin{array}{r} 86 \\ -56 \\ \hline \end{array}$

⑧ $\begin{array}{r} 31 \\ -11 \\ \hline \end{array}$

⑨ $\begin{array}{r} 74 \\ -23 \\ \hline \end{array}$

⑩ $\begin{array}{r} 95 \\ -82 \\ \hline \end{array}$

ここからは
ひき算だよ！
しんちょうにね。

2 76この　ケーキが　ならんでいるよ。
このうち，63こが　売れたよ。
のこった　ケーキは　何こかな？

しき

3 まほう学校の　2年生は
あわせて　59人だよ。
男の子は　28人だよ。
女の子は　何人かな？

しき

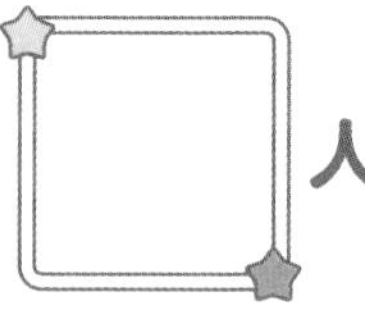

7 ひき算の　ひっ算(2)

1 ひき算を　ひっ算で　しよう。

① $\begin{array}{r} 31 \\ -29 \\ \hline \end{array}$

② $\begin{array}{r} 53 \\ -18 \\ \hline \end{array}$

たりないときは，
となりから10
かりてこよう！

③ $\begin{array}{r} 45 \\ -16 \\ \hline \end{array}$

④ $\begin{array}{r} 57 \\ -39 \\ \hline \end{array}$

⑤ $\begin{array}{r} 60 \\ -37 \\ \hline \end{array}$

⑥ $\begin{array}{r} 92 \\ -24 \\ \hline \end{array}$

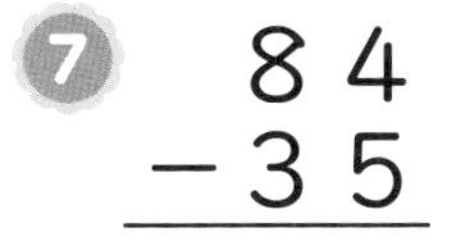

⑦ $\begin{array}{r} 84 \\ -35 \\ \hline \end{array}$

⑧ $\begin{array}{r} 75 \\ -48 \\ \hline \end{array}$

くり下がりの
じゅもん！
カリタス
カリタス
ルルルルル～♪

⑨ $\begin{array}{r} 91 \\ -53 \\ \hline \end{array}$

⑩ $\begin{array}{r} 50 \\ -32 \\ \hline \end{array}$

2 34この　キャンディーが
入った　びんが　あるよ。
この　キャンディーを
19こ　食(た)べたよ。
のこりは　何(なん)こかな？

しき

こたえ　　こ

3 71まいの　ひみつの
おまもりを　39人に
1まいずつ　くばったよ。
何まい　おまもりが
あまったかな？

しき

こたえ　　まい

ひき算の　ひっ算(3)

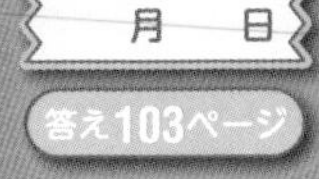

1 ひき算を　ひっ算で　しよう。

① $63 - 48$

② $35 - 17$

③ $72 - 39$

④ $43 - 25$

⑤ $81 - 52$

⑥ $56 - 37$

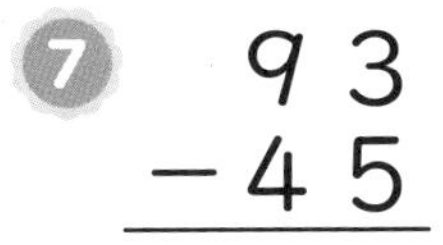

⑦ $93 - 45$

⑧ $64 - 19$

⑨ $88 - 49$

⑩ $71 - 24$

2 46人のれる　マジカルバスが
あるよ。このバスに　29人　のったよ。
あと　何人　のれるかな？

しき

まほうの　ちからで
走る　バスだ！

こたえ　　人

3 75本の　色えんぴつが　あるよ。
38本　けずると，のこりは　何本に
なるかな？

しき

キラキラの　色えんぴつも
あると　いいですね。

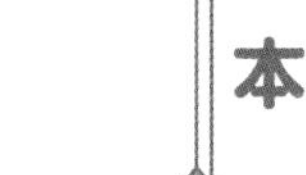
こたえ　　本

9 ひき算の　ひっ算(4)

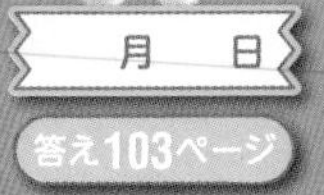

答え103ページ

1 ひき算(さん)を　ひっ算(さん)で　しよう。

くり下がりに
気をつけて
ください！

① $\begin{array}{r} 72 \\ -53 \\ \hline \end{array}$

② $\begin{array}{r} 41 \\ -35 \\ \hline \end{array}$

③ $\begin{array}{r} 55 \\ -27 \\ \hline \end{array}$

④ $\begin{array}{r} 94 \\ -86 \\ \hline \end{array}$

⑤ $\begin{array}{r} 83 \\ -69 \\ \hline \end{array}$

⑥ $\begin{array}{r} 67 \\ -48 \\ \hline \end{array}$

⑦ $\begin{array}{r} 30 \\ -24 \\ \hline \end{array}$

⑧ $\begin{array}{r} 74 \\ -37 \\ \hline \end{array}$

⑨ $\begin{array}{r} 62 \\ -58 \\ \hline \end{array}$

⑩ $\begin{array}{r} 95 \\ -89 \\ \hline \end{array}$

2 56この　プレゼントを　作ったよ。
38こ　友だちに　あげたよ。
のこっているのは　何こかな？

しき

こたえ　　　こ

3 チョコレートは　95円。
グミは　88円だよ。
どちらが　何円　高いかな？

しき

こたえ　　　が　　　円高い

10 まとめテスト①

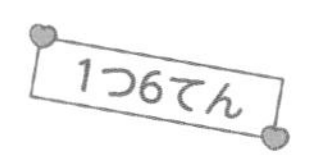

① $$\begin{array}{r} 43 \\ +25 \\ \hline \end{array}$$

② $$\begin{array}{r} 65 \\ +14 \\ \hline \end{array}$$

たすのか
ひくのか
よく見てね！

③ $$\begin{array}{r} 74 \\ +16 \\ \hline \end{array}$$

④ $$\begin{array}{r} 58 \\ +27 \\ \hline \end{array}$$

⑤ $$\begin{array}{r} 39 \\ +48 \\ \hline \end{array}$$

⑥ $$\begin{array}{r} 82 \\ -32 \\ \hline \end{array}$$

⑦ $$\begin{array}{r} 90 \\ -77 \\ \hline \end{array}$$

⑧ $$\begin{array}{r} 54 \\ -35 \\ \hline \end{array}$$

⑨ $$\begin{array}{r} 68 \\ -59 \\ \hline \end{array}$$

⑩ $$\begin{array}{r} 71 \\ -48 \\ \hline \end{array}$$

2

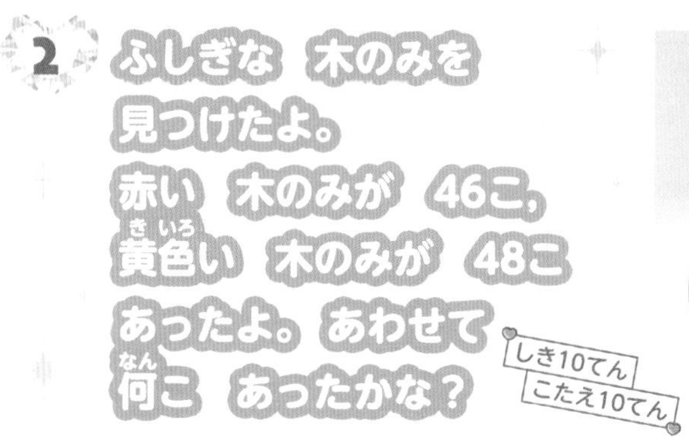

ふしぎな　木のみを
見つけたよ。
赤い　木のみが　46こ，
黄色い　木のみが　48こ
あったよ。あわせて
何こ　あったかな？

しき10てん
こたえ10てん

しき

きれいな
木のみ　たくさん
ほしいです！

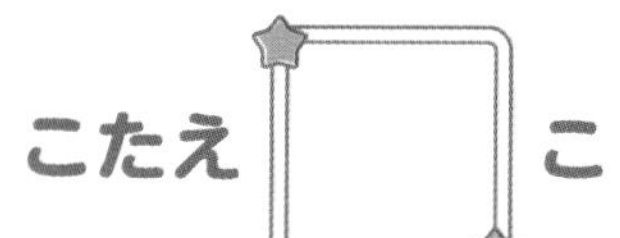

こたえ　□　こ

3

みくさんは　85円
もって　いたよ。
おかしを　買ったら，
もって　いる　お金が
27円に　なったよ。買った
おかしは　何円かな？

しき10てん
こたえ10てん

しき

こたえ　□　円

11 考える力をつけよう 2

1

月　日　答え103ページ

カードが　風で　とばされちゃったー。
計算が　正しくなるように
カードを　もとに　もどせないかな？

まほうで　もとに　もどせば　いいんじゃないの？

まほうは　楽をするために
あるんじゃないよ！　算数力でもとに
もどせるはずだよ。チャレンジだー！

①

3、5、6のカードを 入れてね。

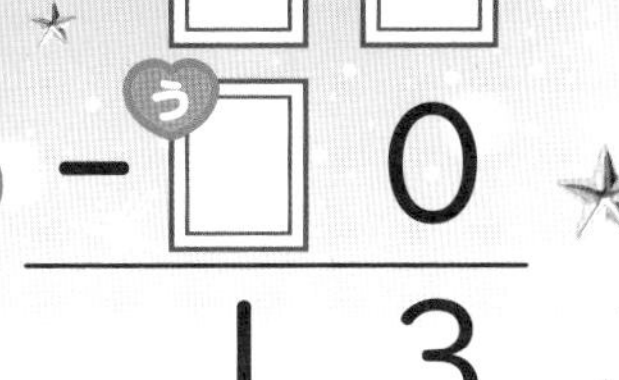

	あ	い
−	う	0
	1	3

②

7、8、9のカードを 入れてね。

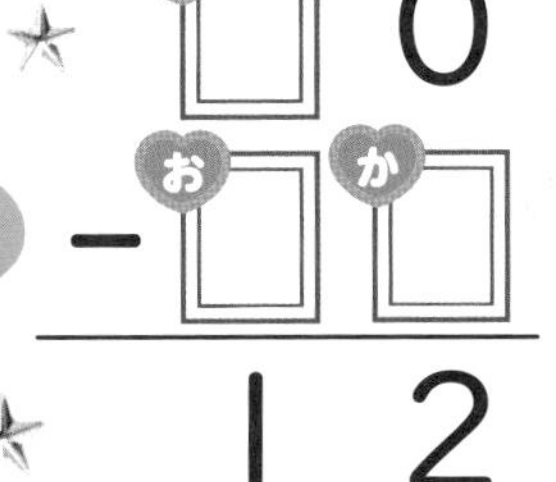

	え	0
−	お	か
	1	2

2

お気に入りの　ネックレスが
からまっちゃったー！
うまくはずさないと　切れちゃうよー。

よし！まほうで　はずせるように　したよ。同じ　色の
チェーンで　つながった　3この　ほう石の　数を　たした
答えが　どこも　55になれば　はずれるよ。

そこまで　するなら　はずして
くれたら　いいのに…。でも楽しそう！
やってみよう！

12 長さ(1)

答え104ページ

1 左はしから ⬇ までの 長さ(なが)は 何(なん)cmかな？

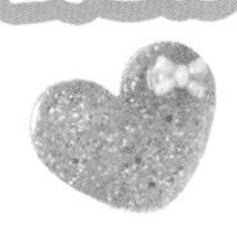

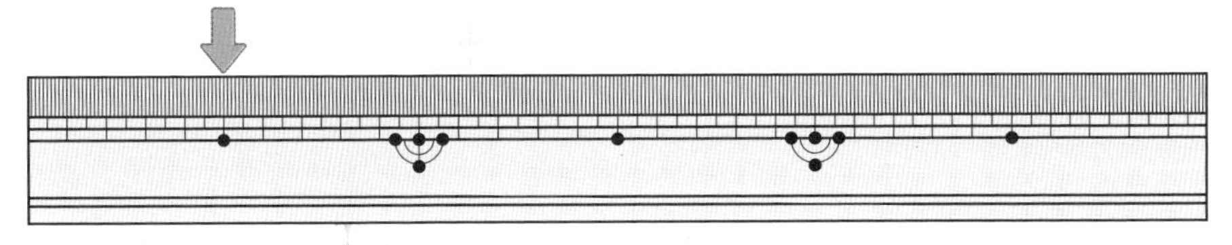

大きな　ひと目もりは 1cmだよ。

（　　　）cm

2 キャラメルの 長さは 何cmかな？

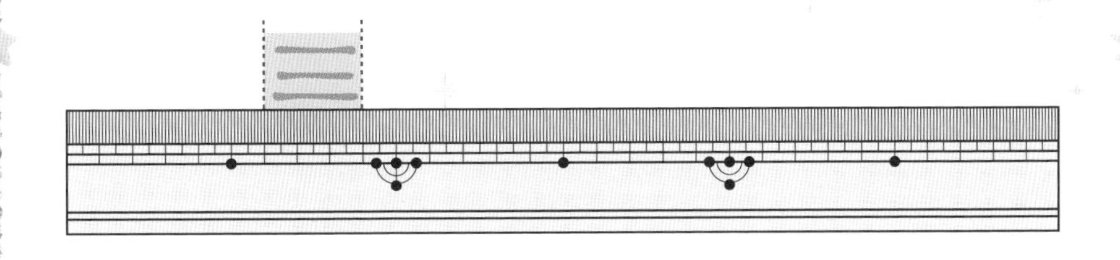

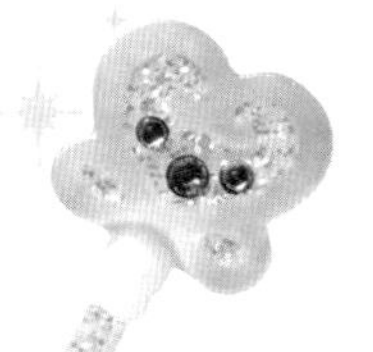

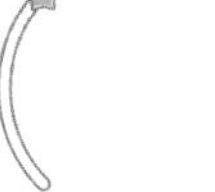

（　　　）cm

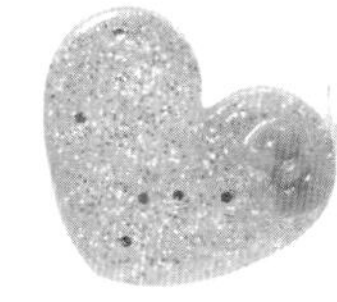

3 □に あてはまる 数(かず)を かこう。

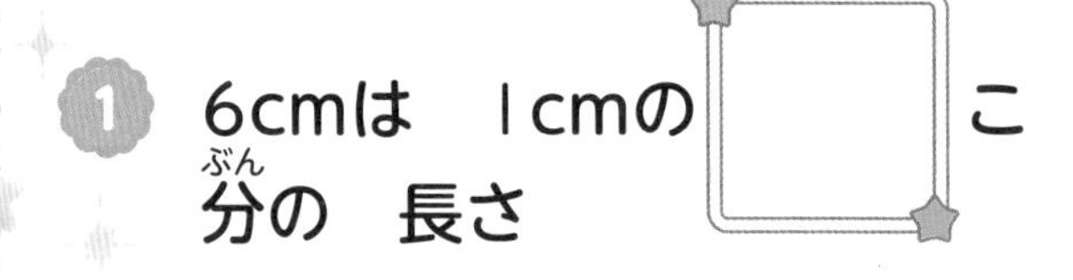

① 6cmは　1cmの □ こ分(ぶん)の　長さ

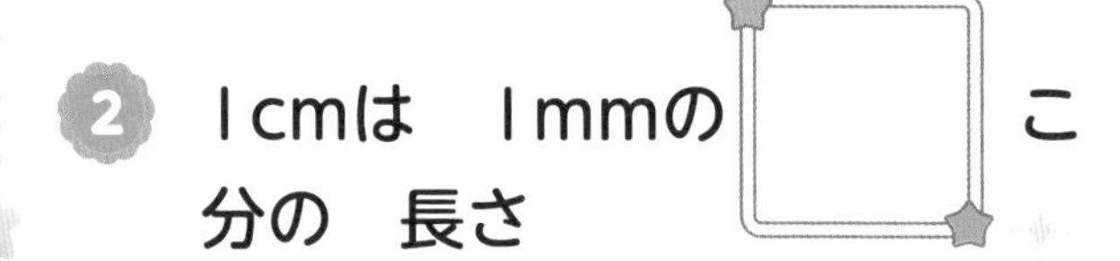

② 1cmは　1mmの □ こ分の　長さ

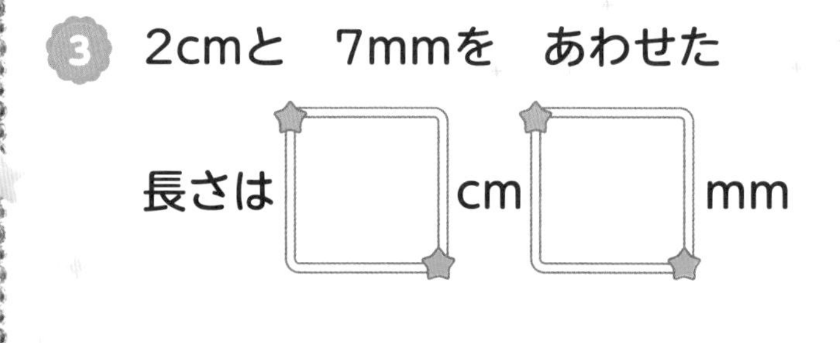

③ 2cmと　7mmを　あわせた

長さは □ cm □ mm

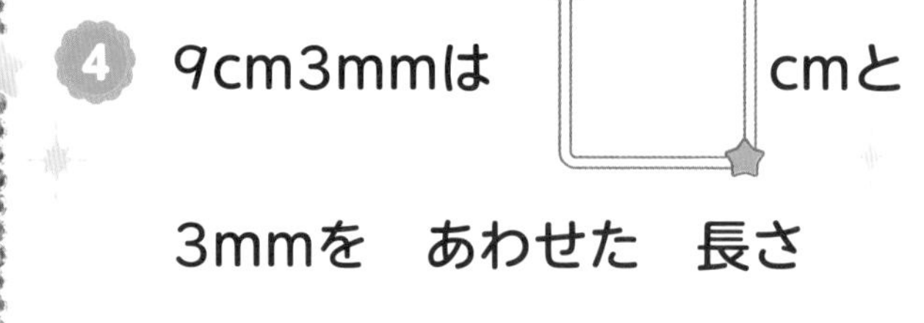

④ 9cm3mmは □ cmと

3mmを　あわせた　長さ

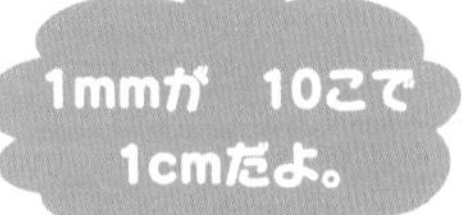

⑤ 5cmと　8mmを　あわせた

長さは □ mm

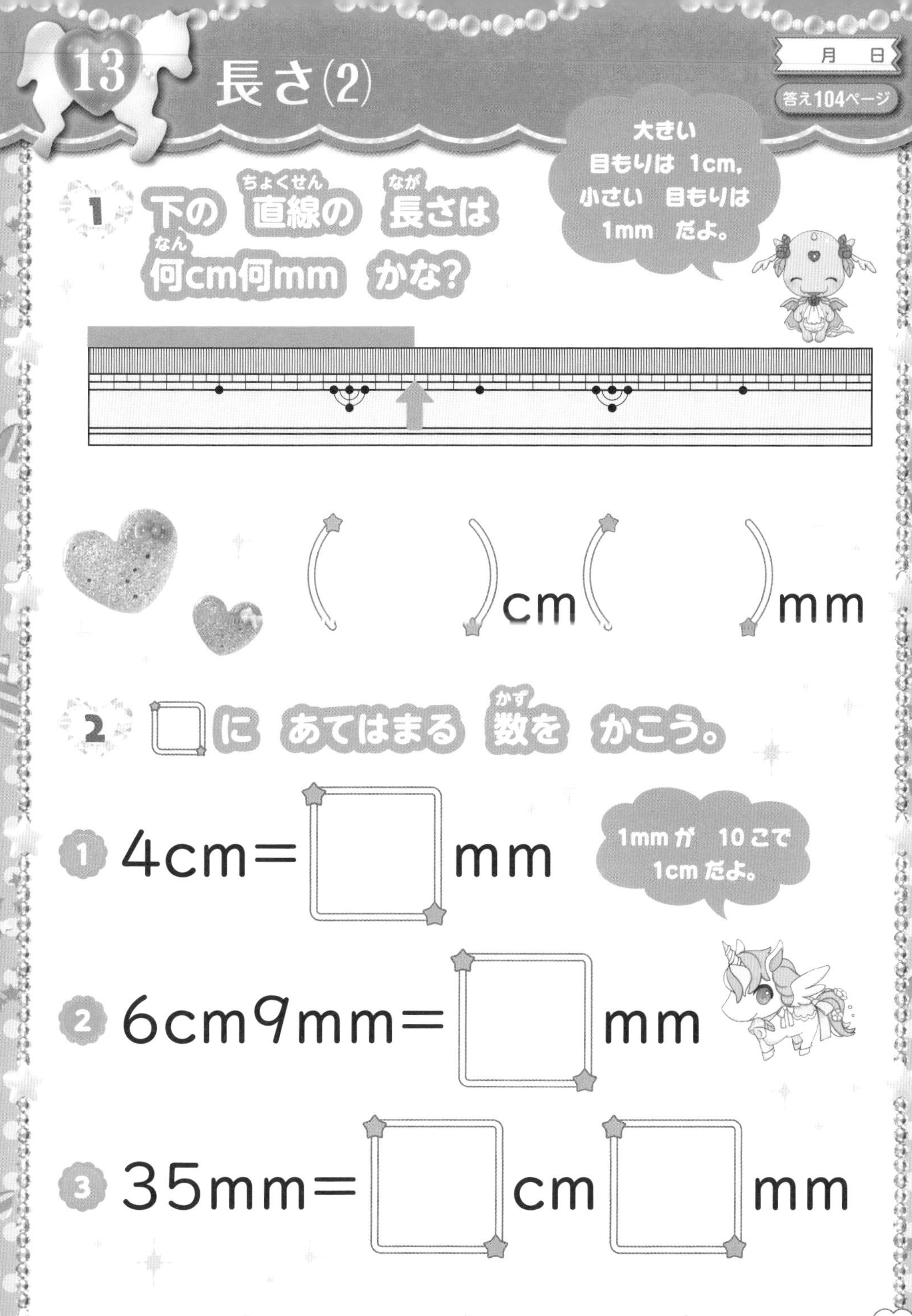

長さ(2)

月　日

答え104ページ

1 下の 直線の 長さは 何cm何mm かな?

(　　　)cm(　　　)mm

2 □に あてはまる 数を かこう。

① 4cm＝□mm

② 6cm9mm＝□mm

③ 35mm＝□cm□mm

3 計算(けいさん)を　すると，　何cm何mm　かな？

❶ 8cm3mm＋2cm

❷ 10cm7mm－4cm

❸ 9cm2mm＋6mm

❹ 13cm9mm－6mm

4 あの　直線と　いの　直線の　長さの　ちがいは　何cm何mm　かな？

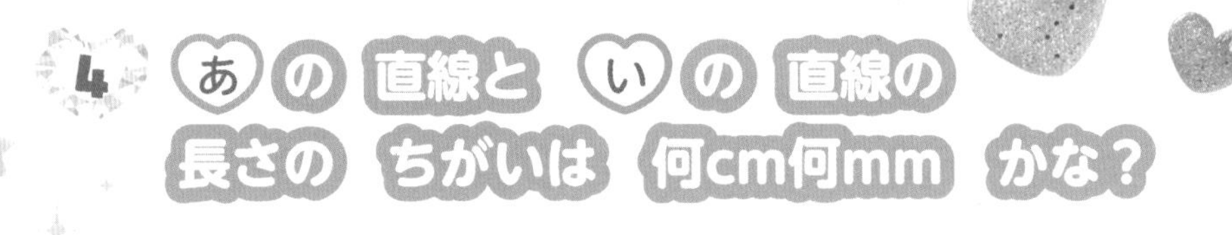

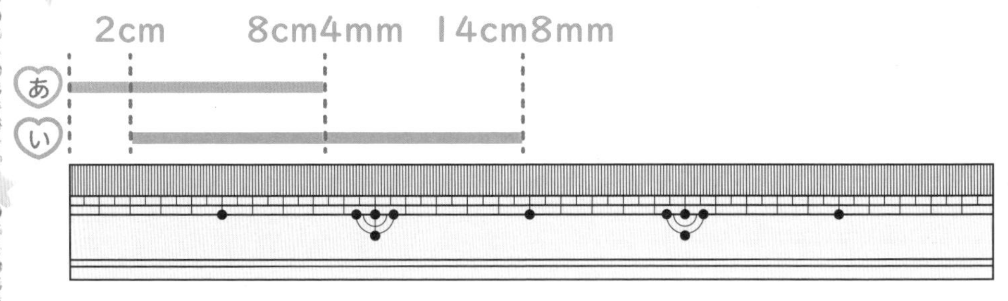

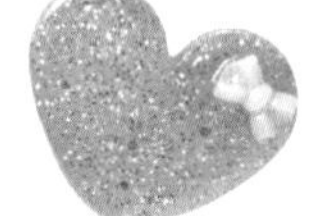

答え104ページ

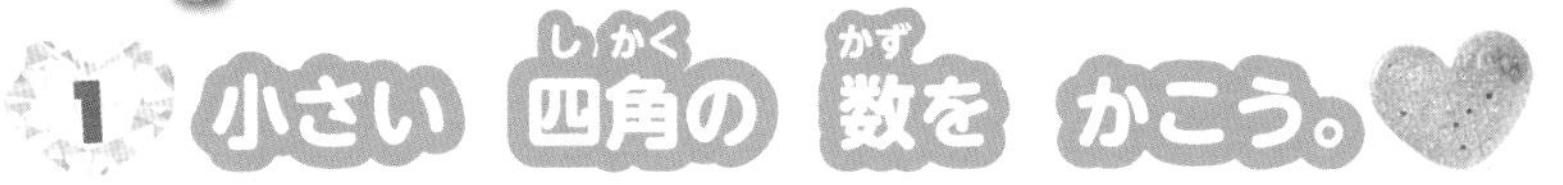

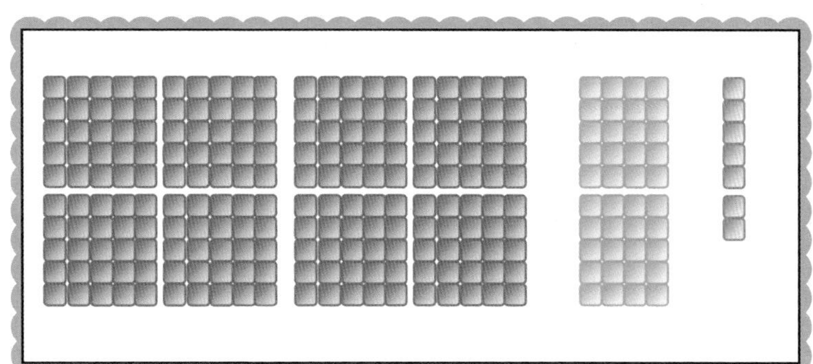

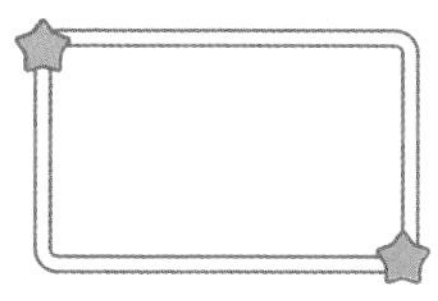

① 二百九十三

② 五百八十

③ 七百六

④ 四百

3 □にあてはまる　数を　かこう。

① 100を　6こ，10を4こ，
1を5こ　あわせた　数は，

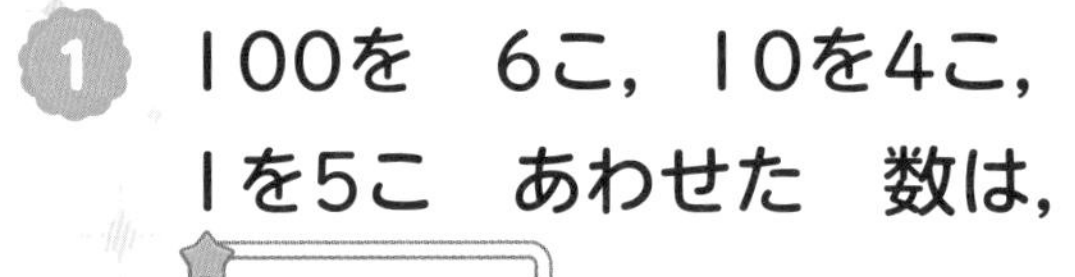

□

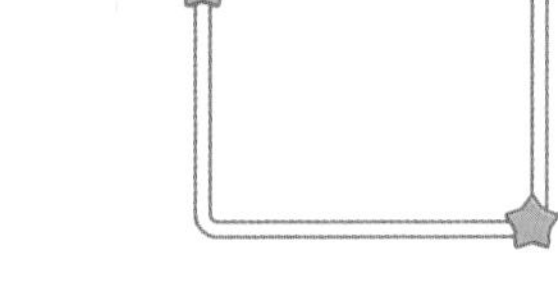

② 370は，100を □ こ，
10を □ こ あわせた　数

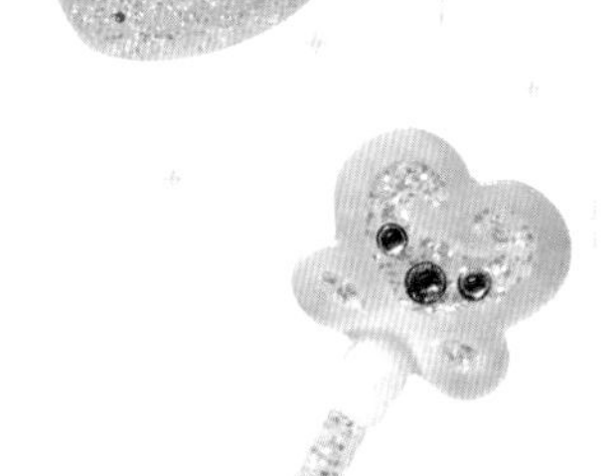

③ 百のくらいが　9，十のくらいが　0，
一のくらいが　1の　数は，

□

④ 10を　32こ　あつめた　数は

□

⑤ 600は，10を □ こ

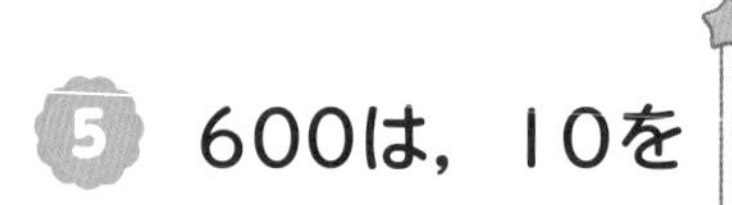

あつめた　数

3けたの　数(2)

1 □に　あてはまる　数(かず)を　かこう。

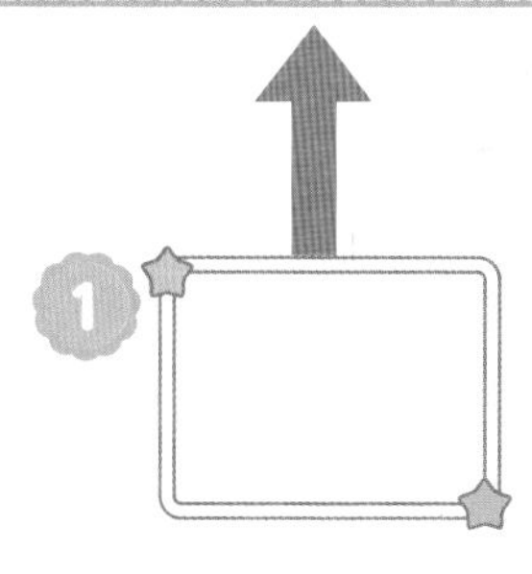

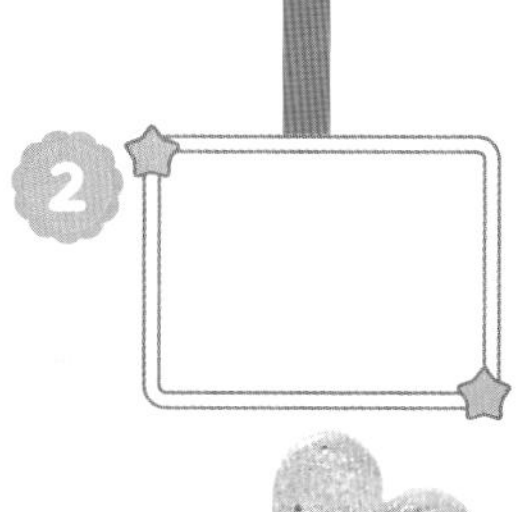

2 □に　あてはまる　数を　かこう。

1　10を　100こ　あつめた

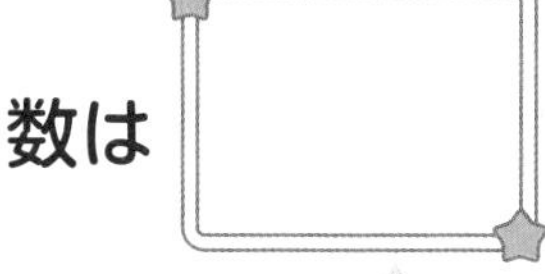

数は □

2　1000より　200　小さい

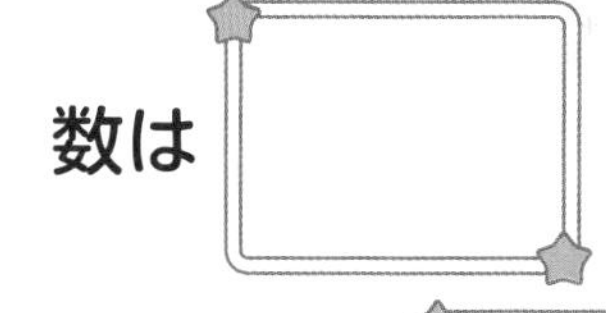

数は □

3　1000より □ 小さい　数は　999

3 計算を　しよう。

1 60+50　　2 130−80

3 200+400　　4 700−300

5 500+90　　6 830−30

7 900+8　　8 306−6

4 □に　あてはまる　>，<，=を　かこう。

1 140 □ 70+60

2 600+20 □ 620

3 900−50 □ 800

水の　かさ(1)

月　日

答え104ページ

1 つぎの　入れものに　入る　水の　かさを　答えよう。

2 □に あてはまる 数(かず)を かこう。

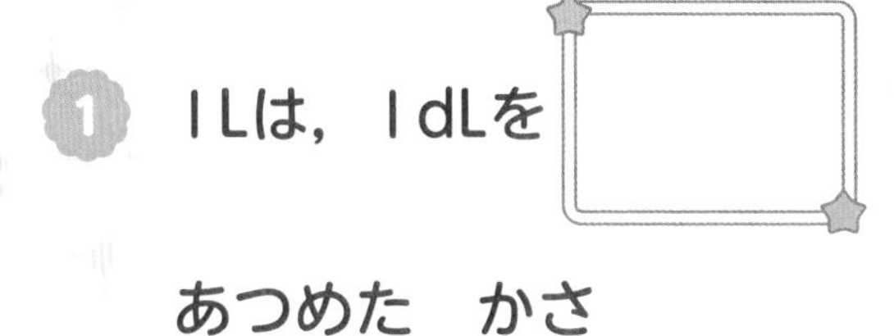

① 1Lは，1dLを □ あつめた かさ

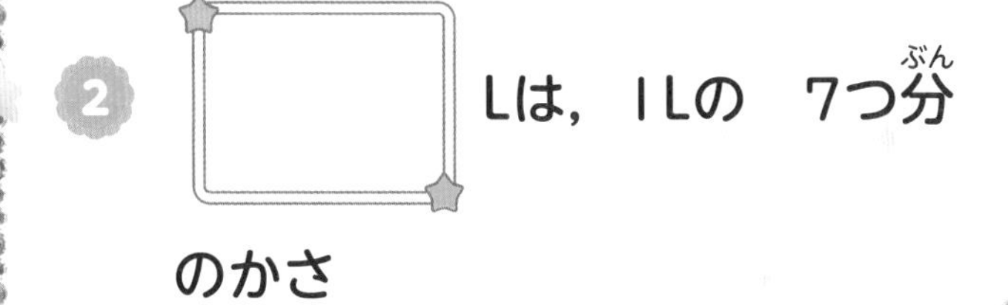

② □ Lは，1Lの 7つ分(ぶん)のかさ

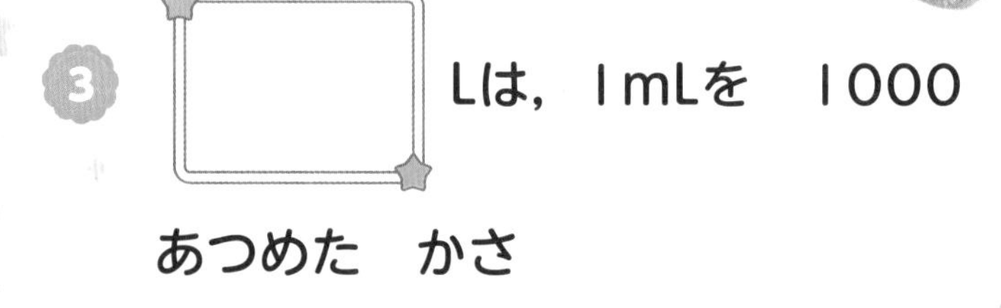

③ □ Lは，1mLを 1000 あつめた かさ

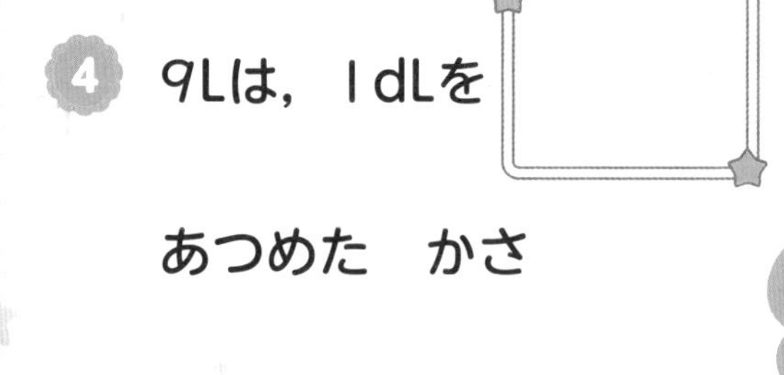

④ 9Lは，1dLを □ あつめた かさ

Lと dLや
mLとの
かんけいは
わかったかな？

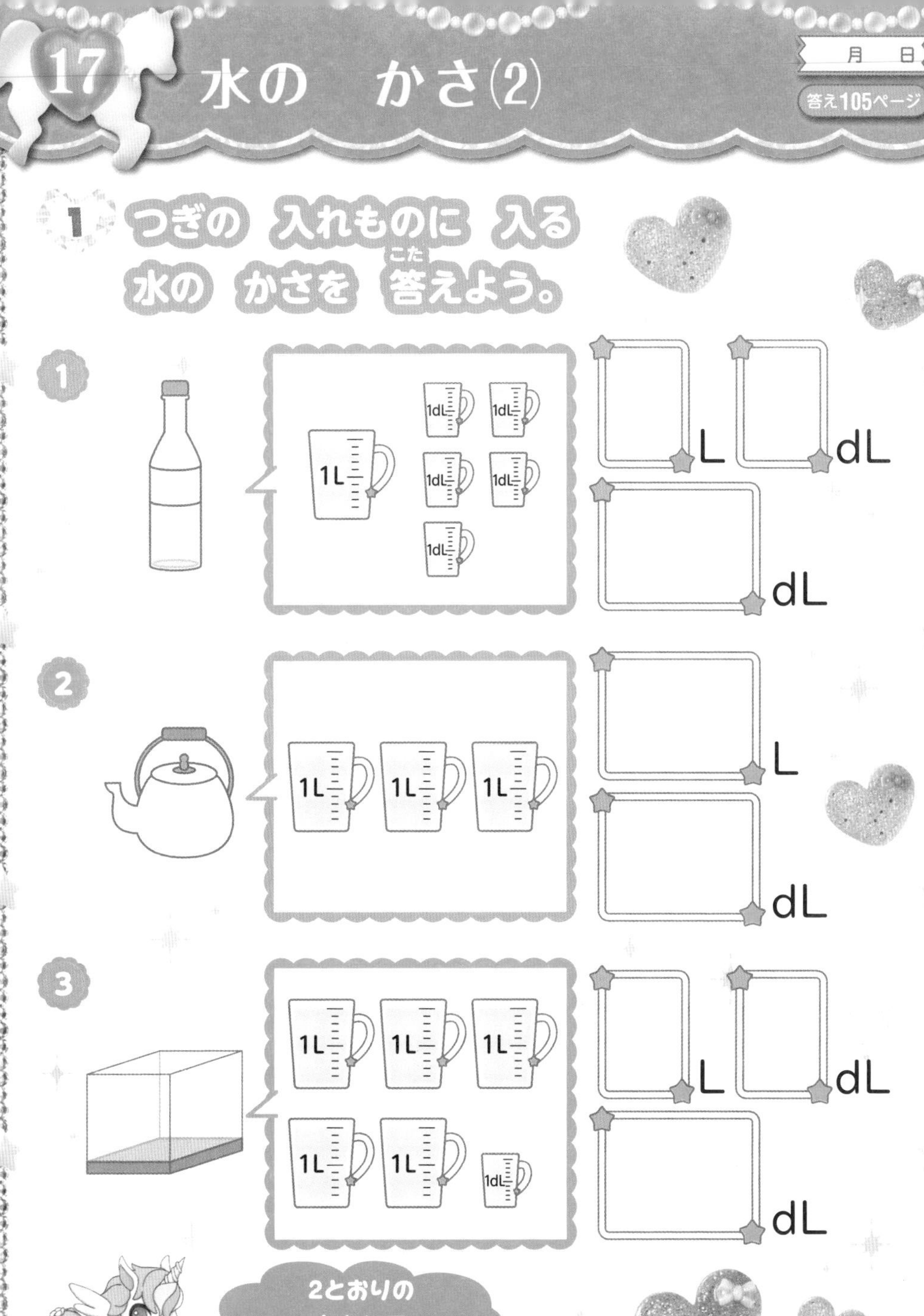

17 水の かさ(2)

月 日

答え105ページ

1 つぎの 入れものに 入る 水の かさを 答(こた)えよう。

① 1L 1dL 1dL 1dL 1dL 1dL

□ L □ dL

□ dL

② 1L 1L 1L

□ L

□ dL

③ 1L 1L 1L 1L 1L 1dL

□ L □ dL

□ dL

2とおりの たんいで あらわそう！

2 □に あてはまる 数(かず)を かこう。

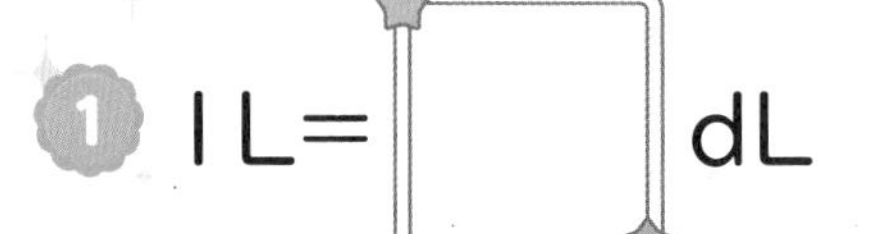

① 1L＝□dL

② 4L＝□mL

③ 5L7dL＝□dL

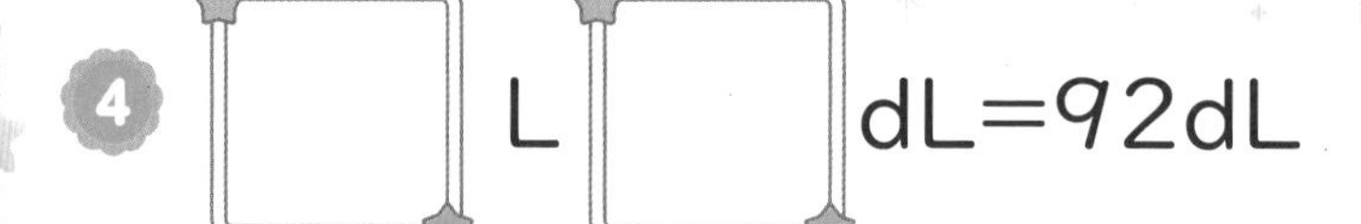

④ □L□dL＝92dL

3 計算(けいさん)を しよう。

① 6L8dL＋2L＝□L□dL

② 9L5dL−4L＝□L□dL

③ 3L＋5L7dL＝□L□dL

④ 8L1dL−1dL＝□L

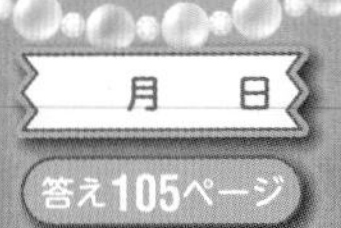

1 つぎの 時こくを 答えよう。

① 

② 

時

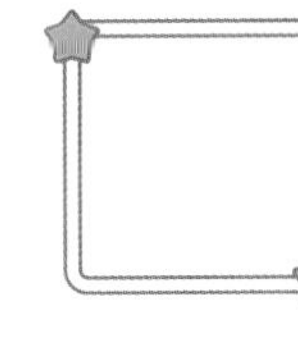
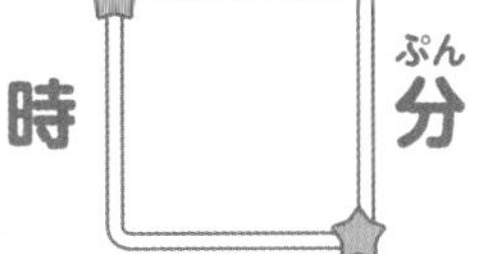
時 ぷん 分

③ 

④ 

時 ふん 分

時 分

2 今(いま)の 時こくは 3時50分(ぷん) だよ。つぎの 時こくを 答(こた)えよう。

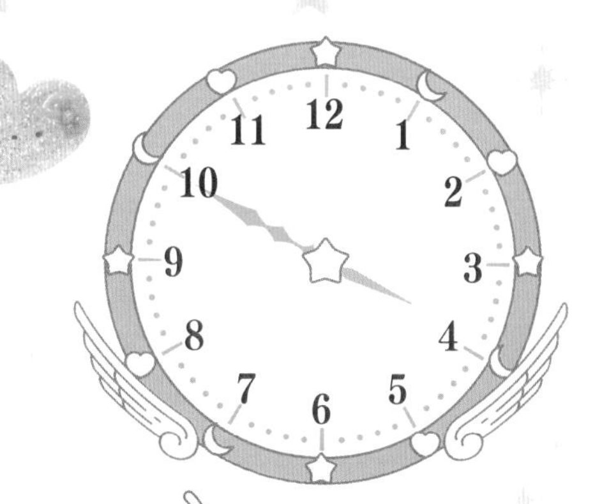

① 1時間前(じかんまえ) (　　　　　)

② 1時間後(ご) (　　　　　)

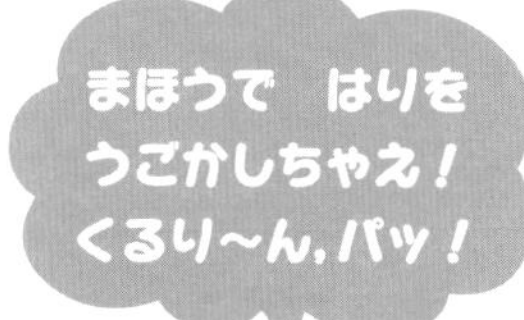

③ 20分前 (　　　　　)

④ 20分後 (　　　　　)

3 □に あてはまる 数(かず)を かこう。

① 1時間30分＝□分

② 70分＝□時間□分

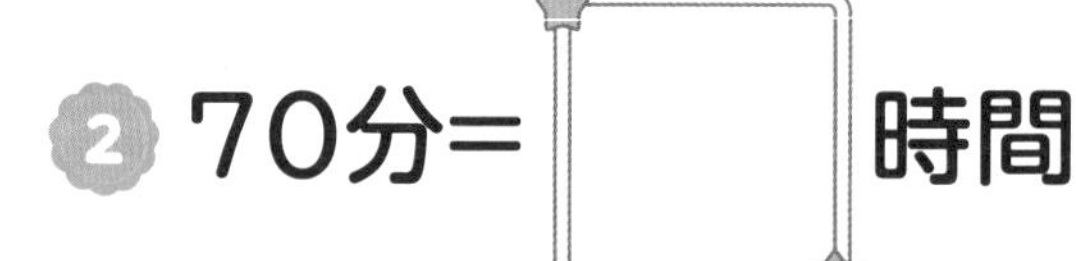
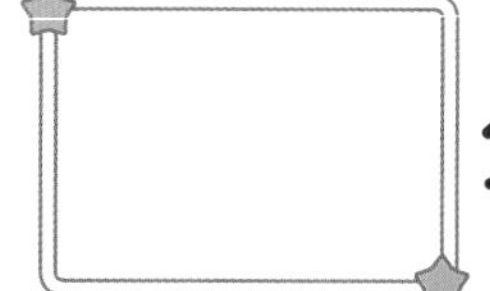

時こくと　時間(2)

1 □に　あてはまる　数(かず)を　かこう。

① 1日は □ 時間(じかん)

② 午前(ごぜん)と　午後(ごご)は，それぞれ

□ 時間

2 出かけていた　時間は　何(なん)時間かな？

家(いえ)を　出た

午前9時

家に　ついた

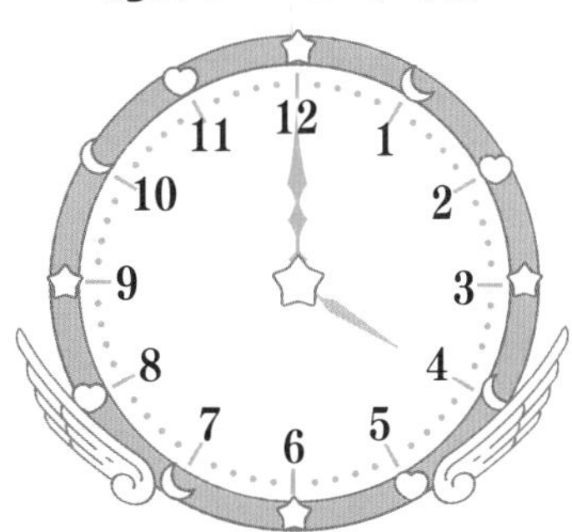

午後4時

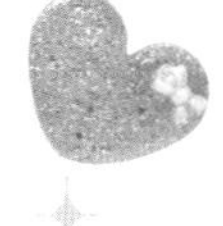

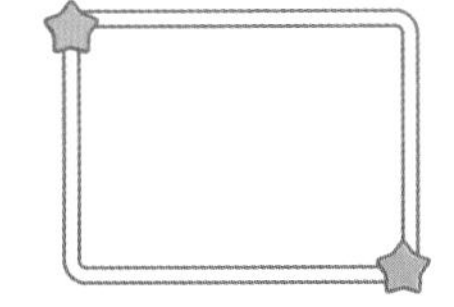

□ 時間

3 公園に いた 時間は 何分かな？

公園に ついた

午前11時50分

公園を 出た

午後0時20分

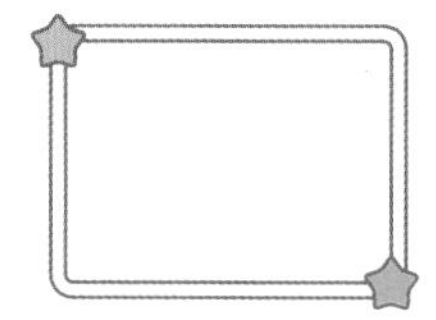

分

4 つぎの 時間を 答えよう。

1 午前7時から 午後1時までの 時間

（　　　　）

2 午前10時30分から 午後2時までの 時間

（　　　　）

20 計算の　くふう

1 くふうして　計算(けいさん)しよう。

① $6+17+3$

② $32+19+8$

③ $8+15+35$

2 ◯に　あてはまる　数(かず)を　かこう。

① $27+9$

7と　9で　16
20と　16で　36

② $27+9$

27と　3で　30
30と　6で　36

いくつと　いくつに　分(わ)けるかな？
チェリーの　中に　数を　かこう。

3 ◯に　あてはまる　数を　かこう。

① $33-8$

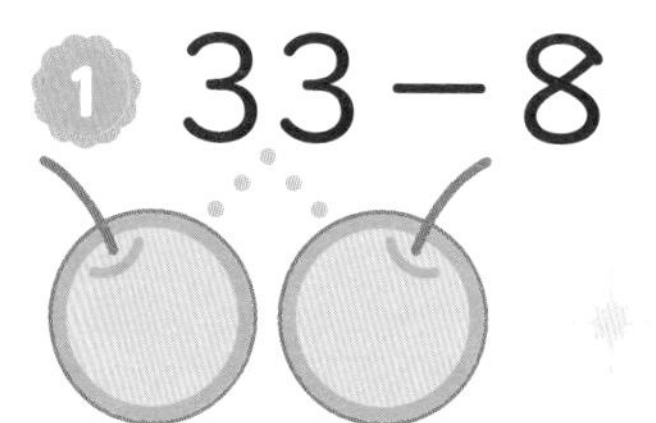

計算しやすい　数に
分ける　じゅもん！
チェリチェリポン！

13から　8を　ひいて　5
20と　5で　25

② $33-8$

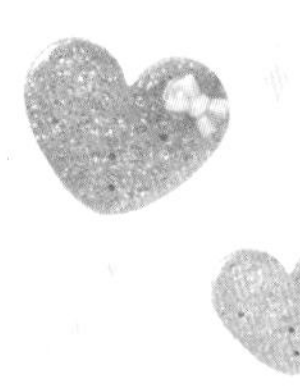

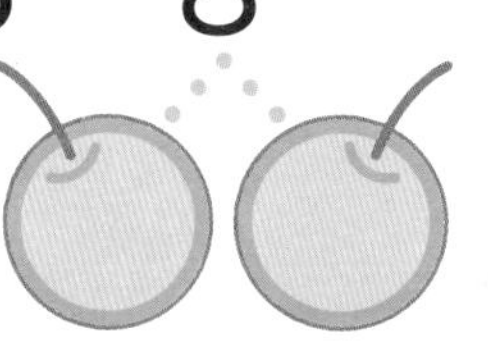

33から　3を　ひいて　30
30から　5を　ひいて　25

4 くふうして　計算しよう。

どっちの　数に
チェリチェリポン！
しますか？

① $37+6$　② $56+9$

③ $5+48$　④ $9+65$

⑤ $62-7$　⑥ $45-9$

⑦ $71-4$　⑧ $53-5$

21 まとめテスト②

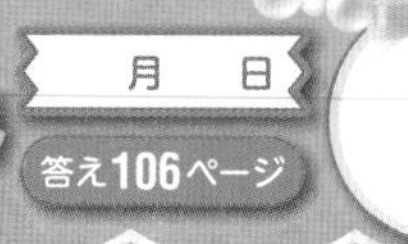

答え106ページ

1 □に あてはまる 数(かず)を かこう。 1つ6てん

① □cm＝70mm

② 2cm4mm＝□mm

2 計算(けいさん)を しよう。 1つ7てん

① 90＋60

② 150−80

③ 300＋40

④ 709−9

3 □に あてはまる 数を かこう。 1つ6てん

① 3L6dL＝□dL

② 81dL＝□L□dL

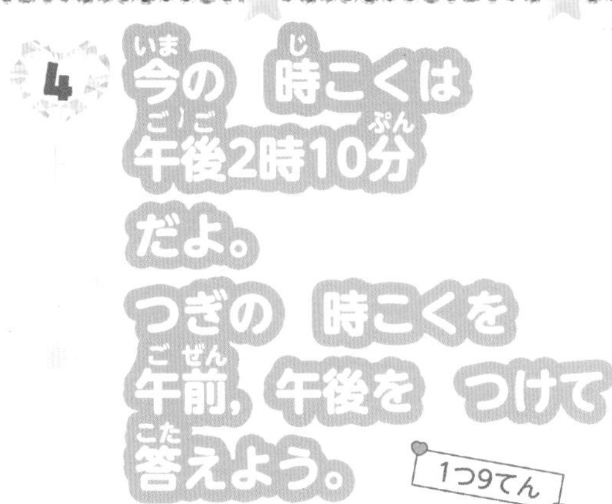

4 今の 時こくは 午後2時10分 だよ。 つぎの 時こくを 午前，午後を つけて 答えよう。

1つ9てん

① 1時間後 （　　　　　　）

② 3時間前 （　　　　　　）

5 くふうして 計算しよう。

1つ6てん

① 9＋26＋11

② 68＋5

③ 7＋47

④ 42－9

いろんな
もんだいが
まざってるけど，がんばって！

22 考える力を つけよう 3
月 日
答え106ページ
1
モカの ステッキコレクションを
見せてあげる！
あ い う え
①
あと うの
ステッキの 長さを
くらべると…
5cm
15cm
2cm
（ ）の ほうが
cm 長い
②
いの ステッキの
長さは 25cm だよ。
ほかの ステッキの 長さは
何cmかな？
あ cm, う cm, え cm

2
アイリスの へやには かわいい
マジカル時計がいっぱい！ でも，
さしている 時こくが ばらばらみたい。
デイジー！ 今の 時こくがわからないよ～。
何時か おしえて。
うーんとね，あと５分で １０時になるよ！
となると，正しい 時こくの 時計は…。
あ
10:05
い
う
え
お
か
9:55
正しい 時計は（ ）と（ ）

23 たし算の　ひっ算(5)

答え106ページ

1 たし算(ざん)を　ひっ算(さん)で　しよう。

たての数(かず)を
たすんだね！

① $$\begin{array}{r} 64 \\ +52 \\ \hline \end{array}$$

② $$\begin{array}{r} 71 \\ +83 \\ \hline \end{array}$$

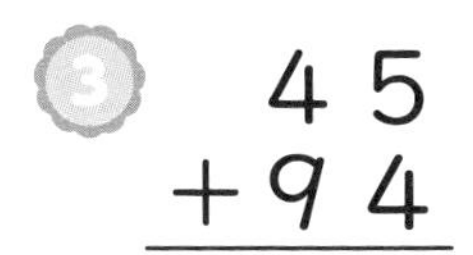

③ $$\begin{array}{r} 45 \\ +94 \\ \hline \end{array}$$

④ $$\begin{array}{r} 82 \\ +35 \\ \hline \end{array}$$

⑤ $$\begin{array}{r} 50 \\ +57 \\ \hline \end{array}$$

⑥ $$\begin{array}{r} 49 \\ +70 \\ \hline \end{array}$$

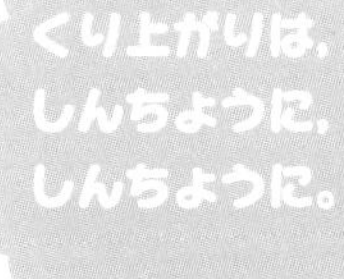

⑦ $$\begin{array}{r} 63 \\ +61 \\ \hline \end{array}$$

⑧ $$\begin{array}{r} 92 \\ +82 \\ \hline \end{array}$$

⑨ $$\begin{array}{r} 85 \\ +74 \\ \hline \end{array}$$

⑩ $$\begin{array}{r} 31 \\ +95 \\ \hline \end{array}$$

2 ピンクの　ビーズ
58こと　赤の　ビーズ
61こで　ネックレスを
作るよ。　ビーズは
あわせて　何こ　あるかな？

しき

こたえ　□　こ

3 42人の　おとなと，96人の
子どもが　手を
つないで　大きな　わを
作ったよ。ぜんぶで
何人　いるかな。

しき

こたえ　□　人

たし算の　ひっ算(6)

月　日

答え106ページ

1 たし算を　ひっ算で　しよう。

数が大きくてたいへんそうです…。

① $\begin{array}{r} 73 \\ +34 \\ \hline \end{array}$

② $\begin{array}{r} 56 \\ +91 \\ \hline \end{array}$

③ $\begin{array}{r} 24 \\ +80 \\ \hline \end{array}$

④ $\begin{array}{r} 47 \\ +72 \\ \hline \end{array}$

⑤ $\begin{array}{r} 66 \\ +83 \\ \hline \end{array}$

⑥ $\begin{array}{r} 35 \\ +94 \\ \hline \end{array}$

おちついてやればだいじょうぶ！

⑦ $\begin{array}{r} 99 \\ +10 \\ \hline \end{array}$

⑧ $\begin{array}{r} 86 \\ +42 \\ \hline \end{array}$

⑨ $\begin{array}{r} 31 \\ +86 \\ \hline \end{array}$

⑩ $\begin{array}{r} 50 \\ +74 \\ \hline \end{array}$

2 78円の　ブローチと　91円の　リングを　買(か)ったよ。　あわせて　何(なん)円かな？

しき

こたえ　□　円

3 リボンの　長(なが)さは　80cmより　25cm　長いよ。　リボンの　長さは　何cmかな？

しき

こたえ　□　cm

25 たし算の　ひっ算(7)

月　日

答え107ページ

1 たし算(ざん)を　ひっ算(さん)で　しよう。

くり上がりの
1を　ハートに
かこう！

①
$$\begin{array}{r} 57 \\ +63 \\ \hline \end{array}$$

②
$$\begin{array}{r} 82 \\ +49 \\ \hline \end{array}$$

③
$$\begin{array}{r} 33 \\ +98 \\ \hline \end{array}$$

④
$$\begin{array}{r} 25 \\ +75 \\ \hline \end{array}$$

くり上がりが
2回(かい)あるね。

⑤
$$\begin{array}{r} 78 \\ +64 \\ \hline \end{array}$$

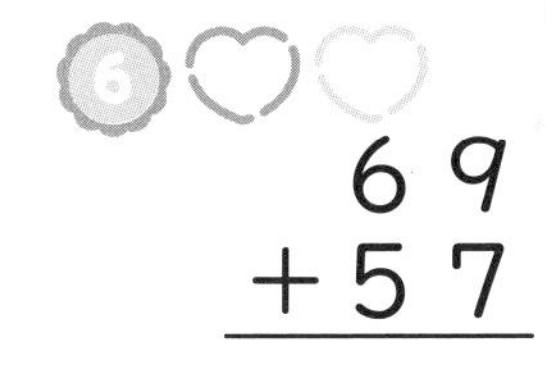

⑥
$$\begin{array}{r} 69 \\ +57 \\ \hline \end{array}$$

⑦
$$\begin{array}{r} 84 \\ +19 \\ \hline \end{array}$$

⑧
$$\begin{array}{r} 92 \\ +78 \\ \hline \end{array}$$

⑨
$$\begin{array}{r} 56 \\ +76 \\ \hline \end{array}$$

⑩
$$\begin{array}{r} 43 \\ +69 \\ \hline \end{array}$$

2 おたのしみ会で　かざりつけを　するよ。
赤い　花が　52こ，黄色い　花が　58こ　あるよ。
花は　あわせて　何こかな？

しき

まほうで
かっこよく
しちゃえ！

3 94円の　アイスクリームと　88円の　プリンを　買ったよ。あわせて　何円かな？

しき

あまいの
食べて
まほう力
アップです！

月　日

答え107ページ

1 たし算(ざん)を　ひっ算(さん)で　しよう。

① $\begin{array}{r} 28 \\ +92 \\ \hline \end{array}$

② $\begin{array}{r} 51 \\ +59 \\ \hline \end{array}$

数(かず)が
大きくても
だいじょうぶ～。

③ $\begin{array}{r} 76 \\ +24 \\ \hline \end{array}$

④ $\begin{array}{r} 97 \\ +36 \\ \hline \end{array}$

⑤ $\begin{array}{r} 45 \\ +57 \\ \hline \end{array}$

⑥ $\begin{array}{r} 13 \\ +98 \\ \hline \end{array}$

⑦ $\begin{array}{r} 77 \\ +88 \\ \hline \end{array}$

⑧ $\begin{array}{r} 64 \\ +67 \\ \hline \end{array}$

⑨ $\begin{array}{r} 95 \\ +29 \\ \hline \end{array}$

⑩ $\begin{array}{r} 48 \\ +85 \\ \hline \end{array}$

2 ピンクの花　67本と，
白の花　45本で，花たばを
つくったよ。
花は　何本に　なったかな？

しき

だれか
花たば
くれない
かしら。

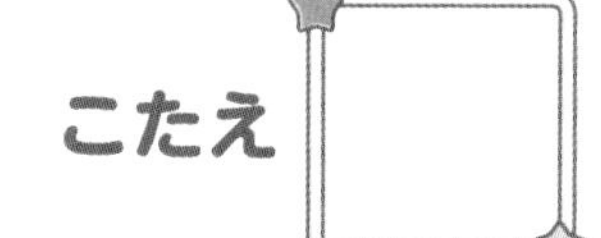

こたえ　　本

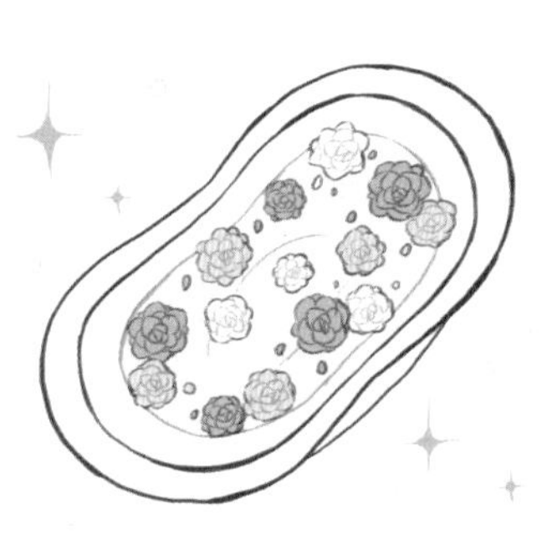

3 おふろに　75Lの　おゆが
入っているよ。　55Lの
おゆを　たすと，
おふろの　おゆは
何Lに　なるかな？

しき

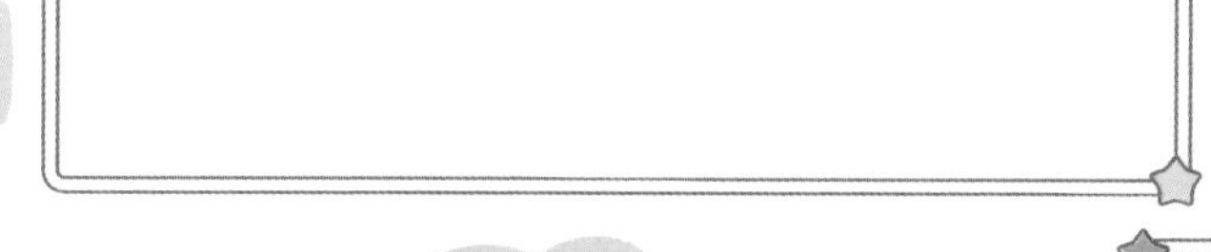

フラワー
バスだね。
オシャレ～☆

こたえ　　L

ひき算の　ひっ算(5)

月　日

答え107ページ

1 ひき算(ざん)を　ひっ算(さん)で　しよう。

①
$$\begin{array}{r} 109 \\ -\quad 46 \\ \hline \end{array}$$

②
$$\begin{array}{r} 125 \\ -\quad 92 \\ \hline \end{array}$$

数(かず)が
大きくても
やりかたは
同(おな)じだよ！

③
$$\begin{array}{r} 154 \\ -\quad 73 \\ \hline \end{array}$$

④
$$\begin{array}{r} 138 \\ -\quad 65 \\ \hline \end{array}$$

⑤
$$\begin{array}{r} 117 \\ -\quad 24 \\ \hline \end{array}$$

⑥
$$\begin{array}{r} 143 \\ -\quad 80 \\ \hline \end{array}$$

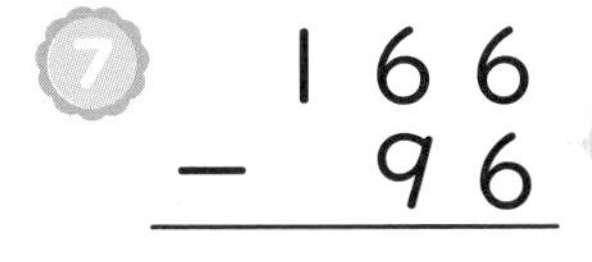

⑦
$$\begin{array}{r} 166 \\ -\quad 96 \\ \hline \end{array}$$

⑧
$$\begin{array}{r} 128 \\ -\quad 37 \\ \hline \end{array}$$

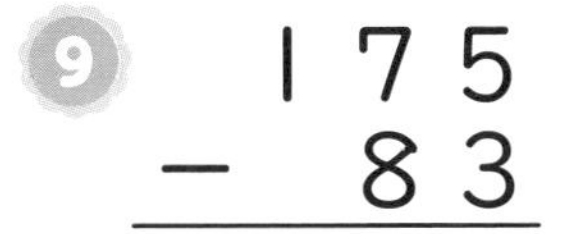

⑨
$$\begin{array}{r} 175 \\ -\quad 83 \\ \hline \end{array}$$

⑩
$$\begin{array}{r} 181 \\ -\quad 91 \\ \hline \end{array}$$

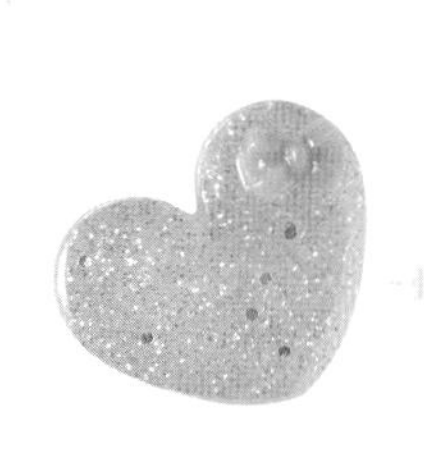

2 124円の　ブローチと，
93円の　ペンダントが
あるよ。　ブローチは
ペンダントより　何円
高いかな？

しき

こたえ　　円

3 校ていで，女の子と
男の子　あわせて
158人が　あそんで
いるよ。
男の子は　73人だよ。
女の子は　何人かな？

しき

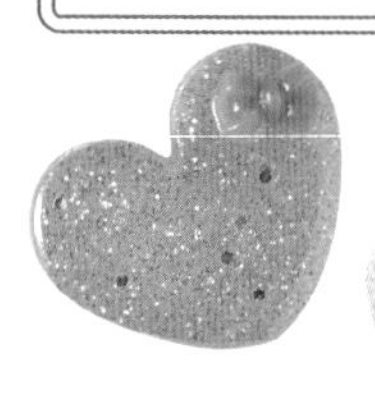

こたえ　　人

月　日

答え107ページ

1 ひき算を　ひっ算で　しよう。

1つずつ
ゆっくりだよ。

① $\begin{array}{r} 147 \\ -\ \ 72 \\ \hline \end{array}$

② $\begin{array}{r} 115 \\ -\ \ 35 \\ \hline \end{array}$

③ $\begin{array}{r} 128 \\ -\ \ 91 \\ \hline \end{array}$

④ $\begin{array}{r} 164 \\ -\ \ 83 \\ \hline \end{array}$

⑤ $\begin{array}{r} 159 \\ -\ \ 65 \\ \hline \end{array}$

⑥ $\begin{array}{r} 136 \\ -\ \ 54 \\ \hline \end{array}$

⑦ $\begin{array}{r} 175 \\ -\ \ 80 \\ \hline \end{array}$

⑧ $\begin{array}{r} 103 \\ -\ \ 43 \\ \hline \end{array}$

⑨ $\begin{array}{r} 169 \\ -\ \ 77 \\ \hline \end{array}$

⑩ $\begin{array}{r} 172 \\ -\ \ 91 \\ \hline \end{array}$

2 ハートの　シールと，星の　シールが　あわせて　137まい　あるよ。　星の　シールは　72まい　あるよ。ハートの　シールは　何まいかな？

しき

シールは
キラキラが
いのちです。

こたえ  まい

3 マジカルジュースを　145mL　つくったよ。90mL　のむと，のこりは　何mLに　なるかな？

しき

マジカル☆
くだもので
元気いっぱい！

こたえ  mL

ひき算の　ひっ算(7)

答え108ページ

1 ひき算（ざん）を　ひっ算（さん）で　しよう。

①
$$\begin{array}{r} 103 \\ -\ \ 86 \\ \hline \end{array}$$

②
$$\begin{array}{r} 131 \\ -\ \ 59 \\ \hline \end{array}$$

おとなりから
10かりましょう。

③
$$\begin{array}{r} 154 \\ -\ \ 95 \\ \hline \end{array}$$

④
$$\begin{array}{r} 126 \\ -\ \ 67 \\ \hline \end{array}$$

⑤
$$\begin{array}{r} 110 \\ -\ \ 78 \\ \hline \end{array}$$

⑥
$$\begin{array}{r} 165 \\ -\ \ 99 \\ \hline \end{array}$$

⑦
$$\begin{array}{r} 137 \\ -\ \ 48 \\ \hline \end{array}$$

⑧
$$\begin{array}{r} 152 \\ -\ \ 74 \\ \hline \end{array}$$

⑨
$$\begin{array}{r} 181 \\ -\ \ 92 \\ \hline \end{array}$$

⑩
$$\begin{array}{r} 127 \\ -\ \ 38 \\ \hline \end{array}$$

2 まほうの　じゅもんは
103文字(もじ)　あるよ。
45文字めまで
おぼえたよ。　のこりは
何(なん)文字かな？

しき

こたえ □ 文字

3 友(とも)だちが　56人
できたよ。あと
何人で　友だちが
100人に　なるかな？

しき

こたえ □ 人

ひき算の　ひっ算(8)

月　日

答え108ページ

1 ひき算（ざん）を　ひっ算（さん）で　しよう。

① $\begin{array}{r} 110 \\ -\ \ 32 \\ \hline \end{array}$

② $\begin{array}{r} 145 \\ -\ \ 68 \\ \hline \end{array}$

くり下がりが
2回（かい）も
あるよー！

③ $\begin{array}{r} 121 \\ -\ \ 84 \\ \hline \end{array}$

④ $\begin{array}{r} 134 \\ -\ \ 75 \\ \hline \end{array}$

おちついて
じゅんばんに！

⑤ $\begin{array}{r} 155 \\ -\ \ 97 \\ \hline \end{array}$

⑥ $\begin{array}{r} 108 \\ -\ \ 29 \\ \hline \end{array}$

⑦ $\begin{array}{r} 113 \\ -\ \ 56 \\ \hline \end{array}$

⑧ $\begin{array}{r} 162 \\ -\ \ 83 \\ \hline \end{array}$

⑨ $\begin{array}{r} 140 \\ -\ \ 71 \\ \hline \end{array}$

⑩ $\begin{array}{r} 145 \\ -\ \ 79 \\ \hline \end{array}$

2 ぜんぶで　125ページの
ざっしが　あるよ。
79ページ読むと，
のこりは　何ページかな？

しき

おしゃれも
べんきょう
しなくちゃです。

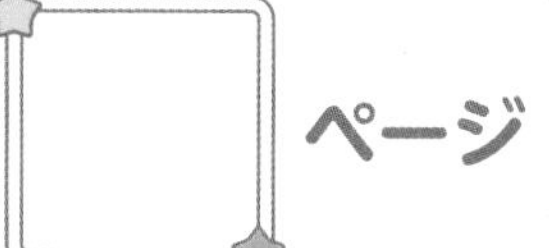

3 お父さんの　しん長は
172cmだよ。　妹の
しん長は　94cmだよ。
お父さんは　妹より
何cm　高いかな？

しき

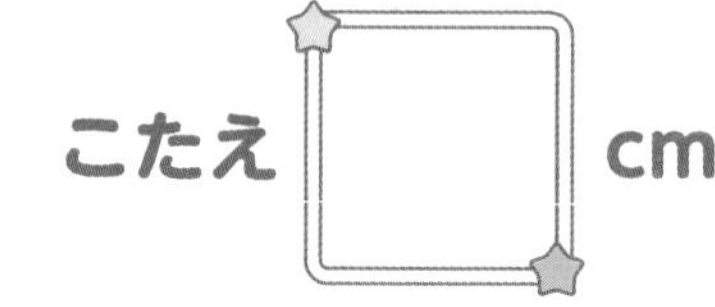

にんげんは
せが　高いなぁ。

31 まとめテスト③

① $\begin{array}{r} 54 \\ +\ 63 \\ \hline \end{array}$

② $\begin{array}{r} 97 \\ +\ 21 \\ \hline \end{array}$

くり上がり，
くり下がりを
つかいこなそう！

③ $\begin{array}{r} 82 \\ +\ 39 \\ \hline \end{array}$

④ $\begin{array}{r} 46 \\ +\ 76 \\ \hline \end{array}$

⑤ $\begin{array}{r} 36 \\ +\ 94 \\ \hline \end{array}$

⑥ $\begin{array}{r} 158 \\ -\ \ 84 \\ \hline \end{array}$

⑦ $\begin{array}{r} 121 \\ -\ \ 73 \\ \hline \end{array}$

⑧ $\begin{array}{r} 145 \\ -\ \ 59 \\ \hline \end{array}$

⑨ $\begin{array}{r} 150 \\ -\ \ 51 \\ \hline \end{array}$

⑩ $\begin{array}{r} 139 \\ -\ \ 49 \\ \hline \end{array}$

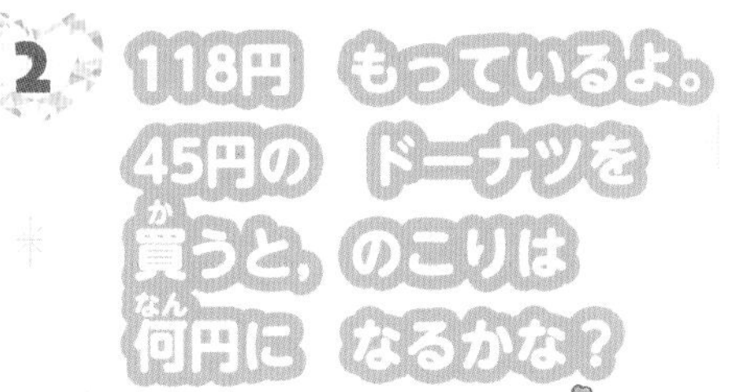

2 118円　もっているよ。
45円の　ドーナツを
買うと，のこりは
何円に　なるかな？

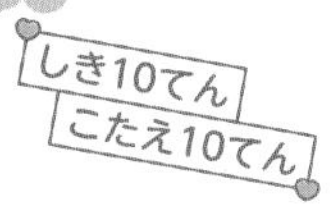

しき

あまい　あまい
ドーナツが
食べたいな♪

3 水ぞくかんで　73びきの
マグロと　37ひきの
サメが　およいで
いるよ。　あわせて
何びきかな？

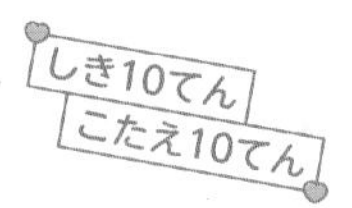

しき

サメが　みんなと
なかよく　なれる
まほうを　かけたよ！

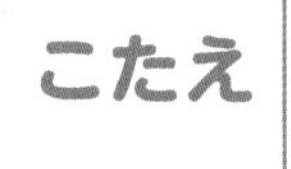

32 考える 力を つけよう 4
1
月 日
答え108ページ
きょうは マジカル☆パーティ！ カードの
とおりに すすむと プレゼントが もらえるよ。
ダリアへ
答えの 大きい
ほうへ すすんでね
デイジーへ
答えの 小さい
ほうへ すすんでね
スタート
49+80
58+62
160-90
110-35
106-85
100-89
あ
い
う
え
2人が もらった プレゼント は あ～えの どれ？
ダリア…（ ），デイジー…（ ）
67

2

パーティーで、ピオニーチームと
アイリスチームに　わかれて
ゲームをしたよ！

マジカル☆ゲーム大会

ピオニーチーム	とく点	アイリスチーム
46点		62点
57点		？点

① ピオニーチームの　とく点は　あわせて
何点かな？　（　　　　）

② ピオニーチームと　アイリスチームは
同点だったよ。ラテの　とく点は　何点　かな？　（　　　　）

レッツ
マジカル★
パーティ！

33 かけ算(1)

月　日

答え109ページ

1 かけ算を　しよう。

九九の
じゅもんを
おぼえよう。

① 5×2　　② 5×6

③ 5×5　　④ 5×9

⑤ 5×1　　⑥ 5×7

⑦ 2×8　　⑧ 2×3

⑨ 2×4　　⑩ 2×7

⑪ 2×2　　⑫ 2×9

⑬ 3×3　　⑭ 3×8

⑮ 3×6　　⑯ 3×4

⑰ 3×7　　⑱ 3×5

2 クッキーが　5まい
ずつ　入った　ふくろが
4つ　あるよ。
クッキーは　ぜんぶで
何(なん)まい　あるかな？

しき

まほうで　もっと
ふえないかしら。

こたえ　　　まい

3 ペンが　3本ずつ　はこに
入っているよ。まほうで
9はこに　したよ。
ペンは　ぜんぶで　何本に
なったかな？

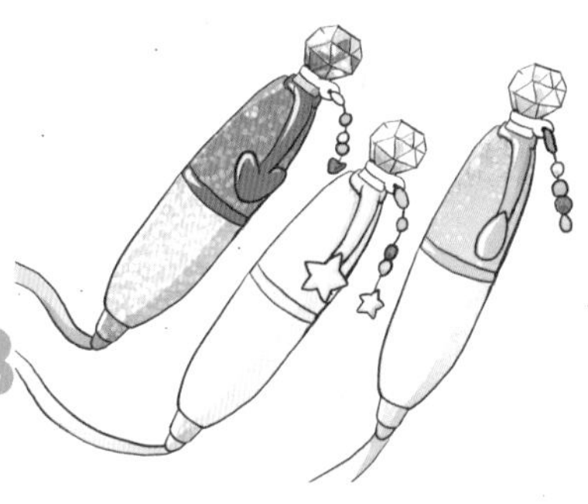

しき

ピオニーにも
キラキラペン
あげようっと！

こたえ　　　本

かけ算(2)

月　日

答え109ページ

1 かけ算(ざん)を　しよう。

① 4×3　② 4×8

③ 4×6　④ 4×2

⑤ 4×7　⑥ 4×9

⑦ 4×1　⑧ 4×4

⑨ 4×5　⑩ 6×1

⑪ 6×4　⑫ 6×7

⑬ 6×2　⑭ 6×3

⑮ 6×9　⑯ 6×8

⑰ 6×6　⑱ 6×5

声に出して読むといいよ。

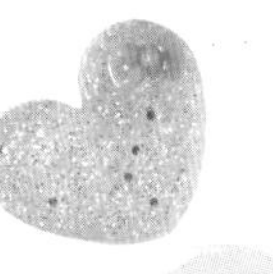

2 6人が　手を　つないで
1つの　わを　作(つく)るよ。
わを　7つ　作るには，
何人(なんにん)　ひつようかな？

しき

こたえ  人

3 ソファーに　4人ずつ
すわれるよ。
ソファーは　5こあるよ。
あわせて　何人
すわれるかな？

しき

こたえ  人

35 かけ算(3)

月　日

答え109ページ

1 かけ算(ざん)を　しよう。

① 7×2　② 7×4

③ 7×1　④ 7×5

⑤ 7×7　⑥ 7×9

⑦ 7×3　⑧ 7×8

⑨ 7×6　⑩ 8×1

⑪ 8×3　⑫ 8×5

⑬ 8×8　⑭ 8×4

⑮ 8×9　⑯ 8×2

⑰ 8×6　⑱ 8×7

ちょっと
むずかしく
なってきたね。
がんばれ！

2 1つの　はこに　8この
ケーキが　入るよ。
5つの　はこには　何(なん)この
ケーキが　入るかな？

しき

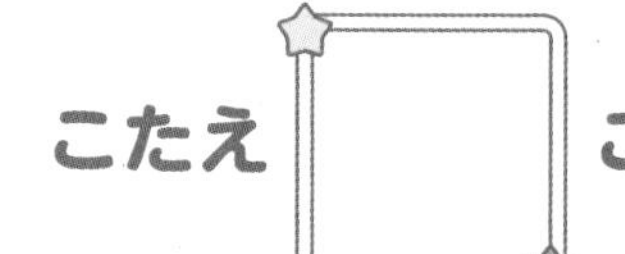

こたえ　　　こ

ケーキ　たくさん
食べたいなー！

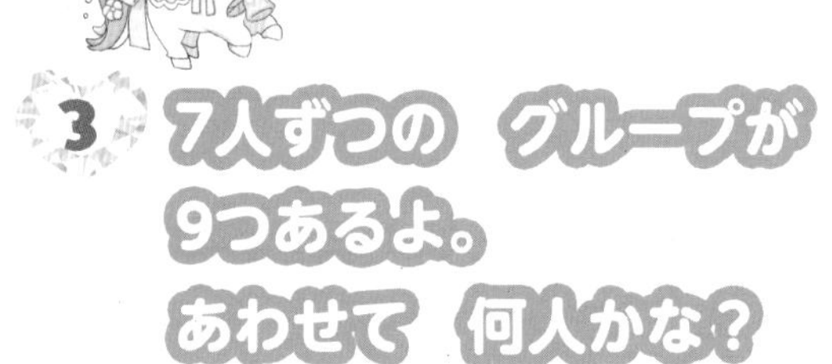

3 7人ずつの　グループが
9つあるよ。
あわせて　何人かな？

しき

こたえ　　　人

みんなで　食べることが
おいしくなるための
いちばんの　まほうですね。

ピオニー　いいこと
いうね～！

月　日

答え109ページ

1 かけ算をしよう。

9のだんは
数が　大きいよ！
がんばって！

① 9×4　　② 9×2

③ 9×5　　④ 9×3

⑤ 9×9　　⑥ 9×1

⑦ 9×6　　⑧ 9×7

⑨ 9×8　　⑩ 1×2

⑪ 1×7　　⑫ 1×5

⑬ 1×3　　⑭ 1×9

⑮ 1×1　　⑯ 1×4

⑰ 1×8　　⑱ 1×6

2 1人に　9まいずつ　画用紙(がようし)を　くばるよ。　9人に　くばるとき，　画用紙は　何(なん)まい　いるかな？

しき

こたえ　　　まい

3 1日に　1ページ　日記(にっき)を　かくよ。7日間(かん)で，何ページに　なるかな？

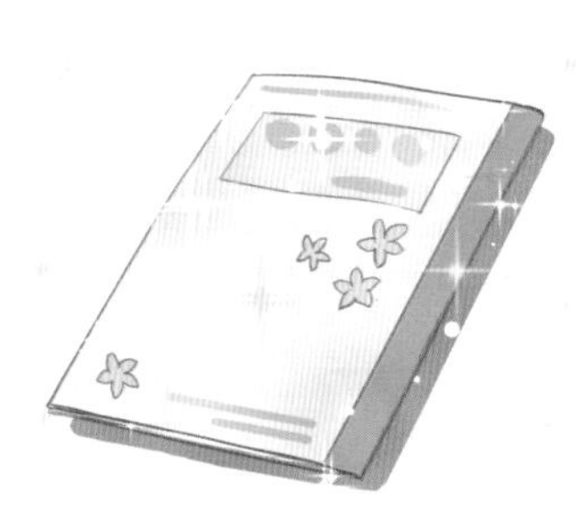

しき

こたえ　　　ページ

37 かけ算(5)

月　日

答え110ページ

1 かけ算(ざん)を しよう。

① 3×5　② 4×1

③ 6×6　④ 2×8

⑤ 7×9　⑥ 1×2

⑦ 8×4　⑧ 5×4

⑨ 4×7　⑩ 7×6

⑪ 9×5　⑫ 3×8

⑬ 6×4　⑭ 1×5

⑮ 2×2　⑯ 5×7

⑰ 8×2　⑱ 9×8

九九(くく)の じゅもんを マスターしよう！

2 ヨーグルトが　4こ
パックで　売(う)っているよ。
3パック　買(か)うと，
ヨーグルトは　ぜんぶで
何(なん)こかな？

しき

こたえ　　こ

3 5dL入りの　ピーチジュース
が　7本　あるよ。
ピーチジュースは
あわせて　何dLかな？

しき

こたえ　　dL

38 かけ算(6)

1 かけ算を　しよう。

① 7×2　　② 3×3

③ 4×9　　④ 5×6

⑤ 9×3　　⑥ 2×9

⑦ 8×5　　⑧ 1×1

⑨ 9×9　　⑩ 4×6

⑪ 6×7　　⑫ 5×9

⑬ 3×7　　⑭ 7×5

⑮ 1×9　　⑯ 8×8

⑰ 2×5　　⑱ 6×2

2 カードを　8人に　8まいずつ　くばったよ。
くばった　カードは　ぜんぶで　何まいかな？

しき

こたえ  まい

3 たてに　7人ずつ，4れつに　ならんだよ。
ぜんぶで　何人　いるかな？

しき

こたえ  人

39 まとめテスト④

1 かけ算(さん)を しよう。 1つ4てん

① 5×4　② 2×7

③ 3×6　④ 1×8

⑤ 7×5　⑥ 8×3

⑦ 9×4　⑧ 4×7

⑨ 6×2　⑩ 4×1

⑪ 5×5　⑫ 3×9

⑬ 2×8　⑭ 7×7

⑮ 1×6　⑯ 8×5

⑰ 9×6　⑱ 6×4

九九(くく)マスターまで もうひといき！

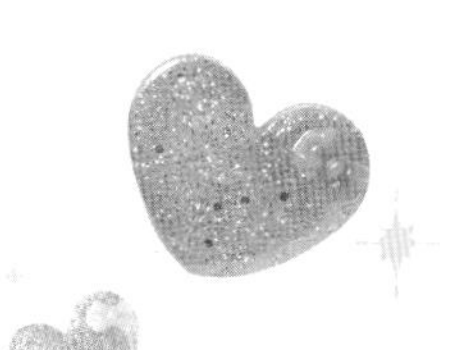

2 3しゅるいの　ゼリーが　それぞれ　5こずつ　あるよ。　ゼリーは　ぜんぶで　何(なん)こ　あるかな？

しき7てん　こたえ7てん

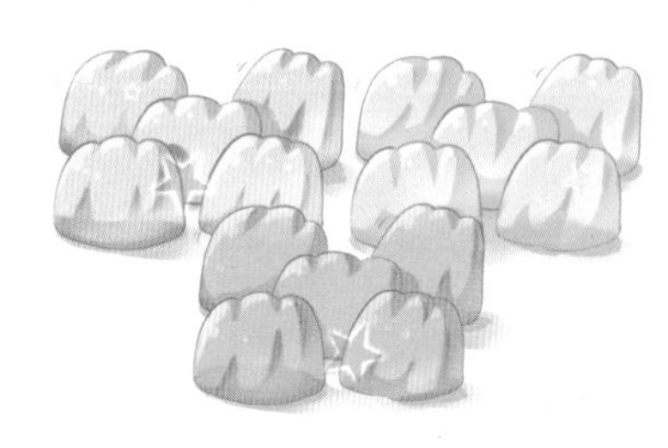

しき

こたえ　　こ

3 うえ木ばちが　8こ　あるよ。　1つの　うえ木ばちに　花の　なえを　4本ずつ　うえるよ。　花のなえは　何本　いるかな？

しき7てん　こたえ7てん

しき

こたえ　　本

月　日　答え110ページ

1

ビーズで　もようを　作ったよ。

たくさん作ったね！どれが　いちばん
お気に入り？

お気に入りは，◆の　ならびかたが，　8×8の
しきで　あらわせるよ。　どれだか　わかるかな？

2

ビンゴたいか～い！ 9この マスに すきな 数を かいてね。

デイジー

2	21	7
12	35	3
42	26	45

ダリア

5	8	14
49	16	63
28	56	25

7のだんの 九九の 答えの 数が あれば，☆の しるしを つけよう。

①

たて，よこ，ななめの どれかに ☆が 3こ ならんだのは どちらかな？ ならんだ ほうに ◯を つけよう。

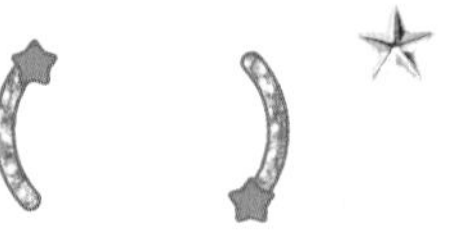

②

あっ！ 九九の 答えに ない 数を かいて しまって いるね。

デイジーの カードの 数の うち，九九の 答えに ないものは 

41 4けたの　数(1)

① 1000を　3こ，100を　8こ，10を 1こ，1を

2こ　あわせた　数は，□

② 5640は，1000を □ こ，100を

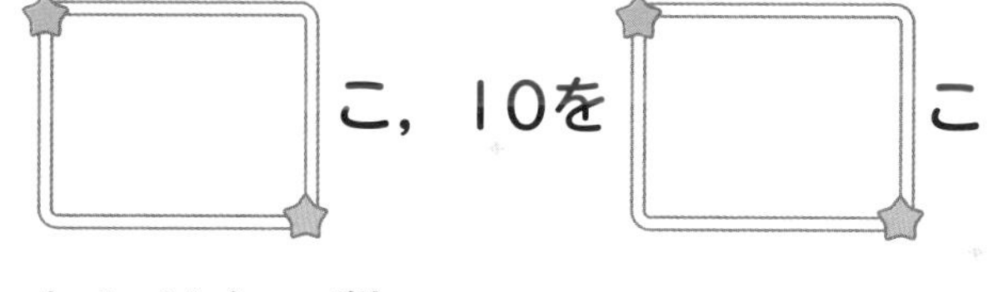

□ こ，10を □ こ

あわせた　数

③ 9007は，1000を □ こ，

1を □ こ　あわせた　数

④ 千のくらいが　4，百のくらいが　2，
十のくらいが　5，一のくらいが　8の

数は，□

千の
くらいから
くらべて
いこう！

① 3749 □ 3479

② 6850 □ 6839

③ 9231 □ 9235

100よ
たくさん
あつまーれ。

3 □に あてはまる 数を かこう。

① 100を 27こ あつめた 数は □

② 100を □ こ あつめた 数は 5100

③ 100を □ こ あつめた 数は 3000

4けたの　数(2)

月　日

答え111ページ

① 500＋800

② 200＋900

③ 1300－800

④ 1000－400

2 □ に　あてはまる　数（かず）を　かこう。

0　1000　2000　3000　4000　5000

① □　② □

3 □ に　あてはまる　数を　かこう。

① □　② □

5500　5600　5700　□　5900　□　6100

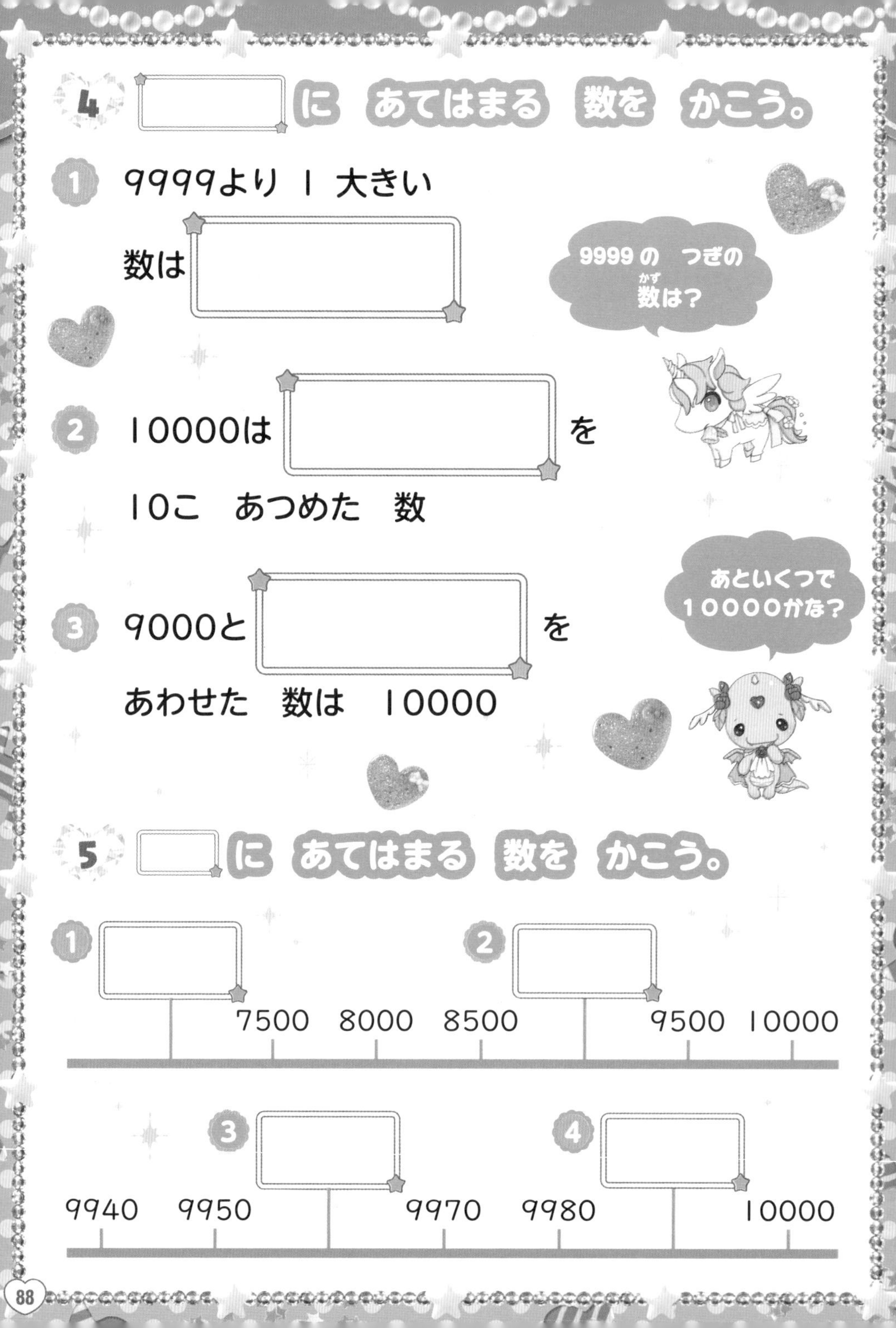

4 □に あてはまる 数を かこう。

① 9999より 1 大きい

数は □

② 10000は □ を

10こ あつめた 数

③ 9000と □ を

あわせた 数は 10000

5 □に あてはまる 数を かこう。

① □ ② □

7500 8000 8500 9500 10000

③ □ ④ □

9940 9950 9970 9980 10000

43

長さ(3)

① □mは 1cmが 100 あつまった 長さ

② 1mの □つ分の 長さは 5m

③ 6mと 10cmを あわせた 長さは

□m □cm

1mは 100cm でしたよね。

① 9m＝□cm

② 3m60cm＝□cm

③ 815cm＝□m □cm

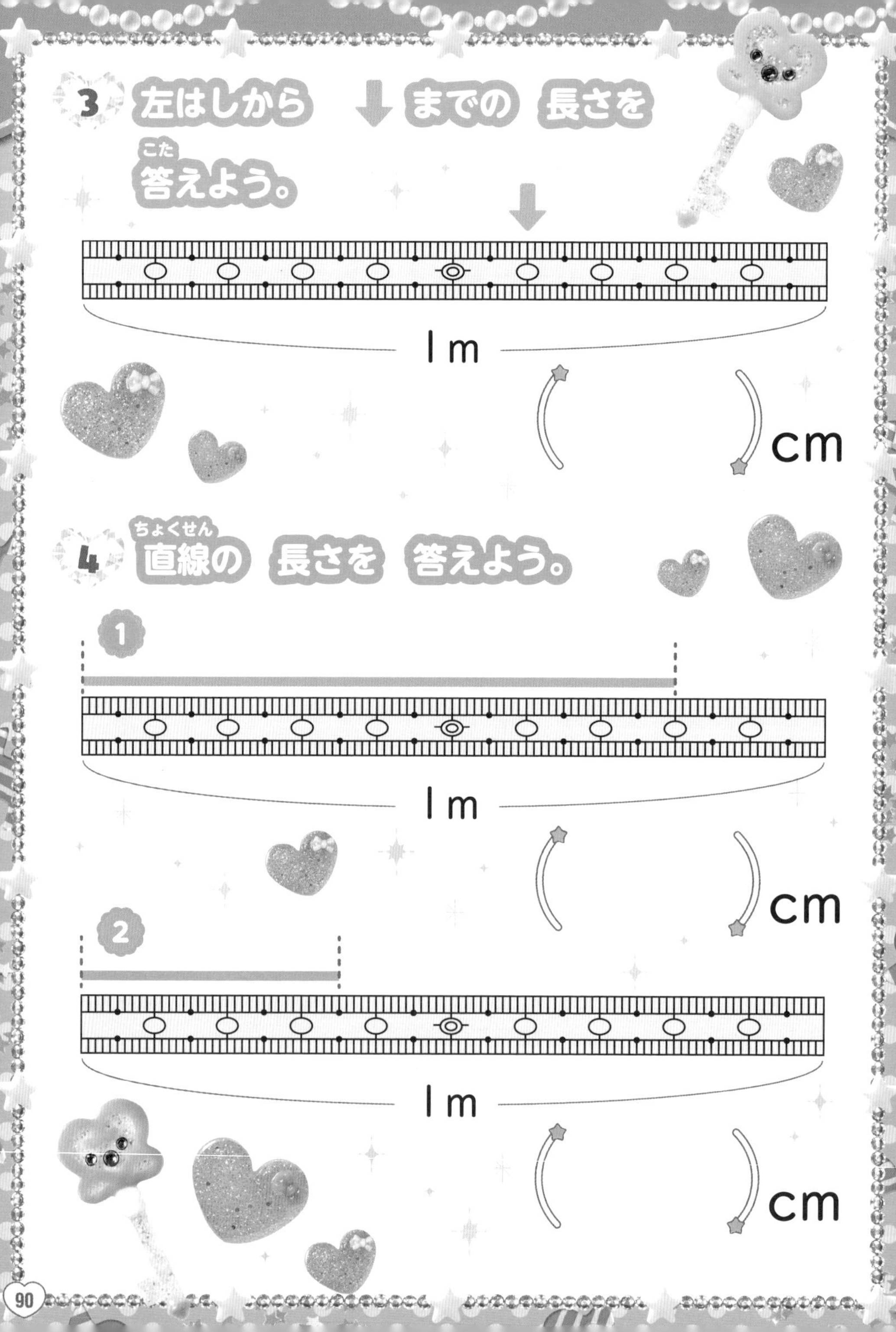

3 左はしから ↓までの 長さを 答(こた)えよう。

1m

（　　　　）cm

4 直線(ちょくせん)の 長さを 答えよう。

1

1m

（　　　　）cm

2

1m

（　　　　）cm

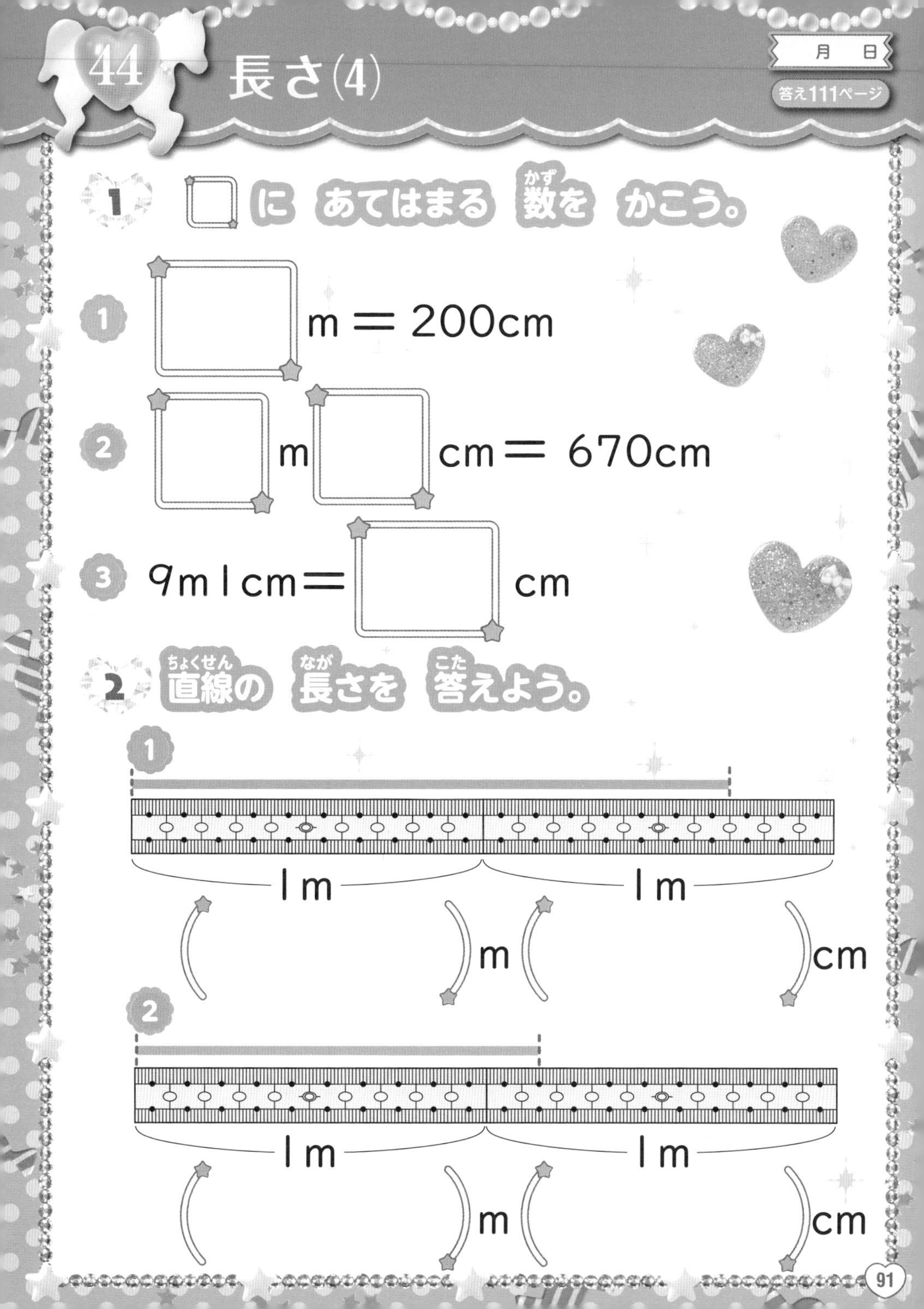

44 長さ(4)

月　日

答え111ページ

1 □に あてはまる 数(かず)を かこう。

① □m＝200cm

② □m□cm＝670cm

③ 9m1cm＝□cm

2 直線(ちょくせん)の 長(なが)さを 答(こた)えよう。

①

（　　）m（　　）cm

②

（　　）m（　　）cm

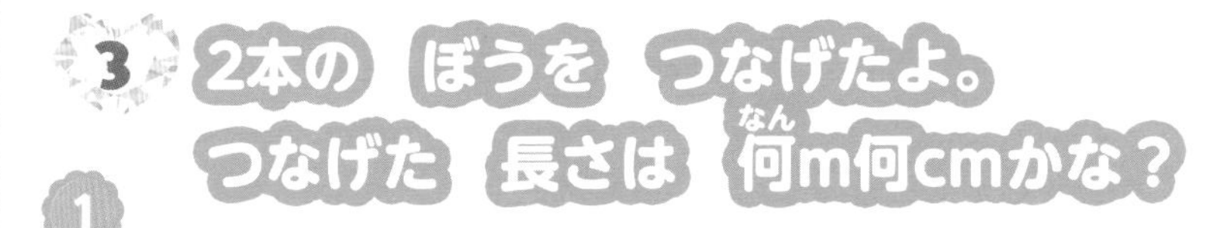

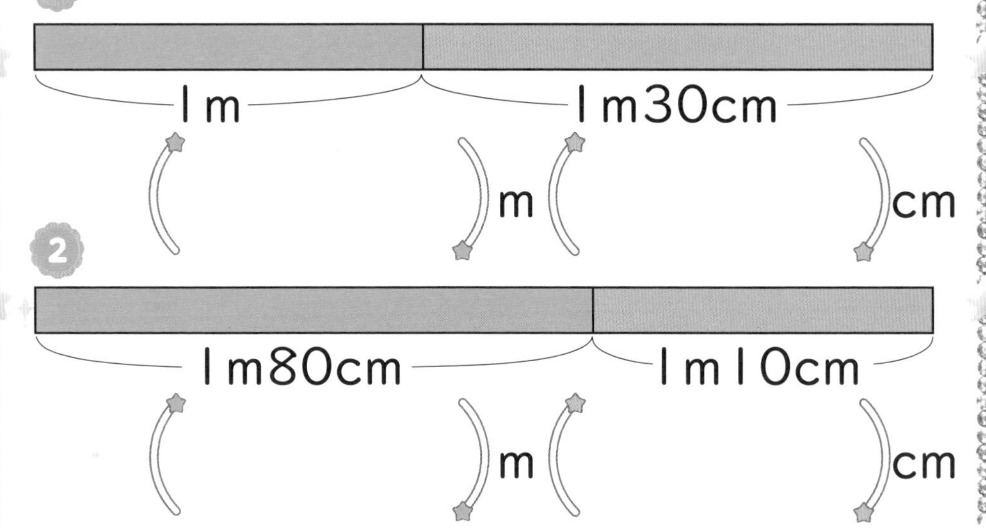

4 (　　) に あてはまる 長さの たんいを かこう。

1 プールの たての 長さ … 25 (　　)

2 はがきの よこの 長さ … 10 (　　)

3 1円玉の あつさ … 1 (　　)

長さの たんいには 何(なに)が あったかな？

図を　つかって　考えよう(1)

月　日

答え112ページ

1 いちごを　15こ　食べたら，のこりは　41こに　なったよ。いちごは　はじめに　何こ　あったかな？

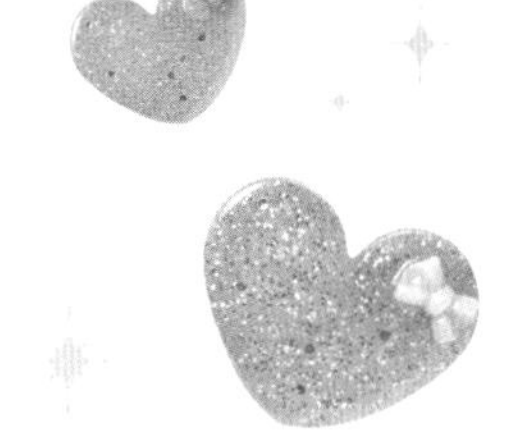

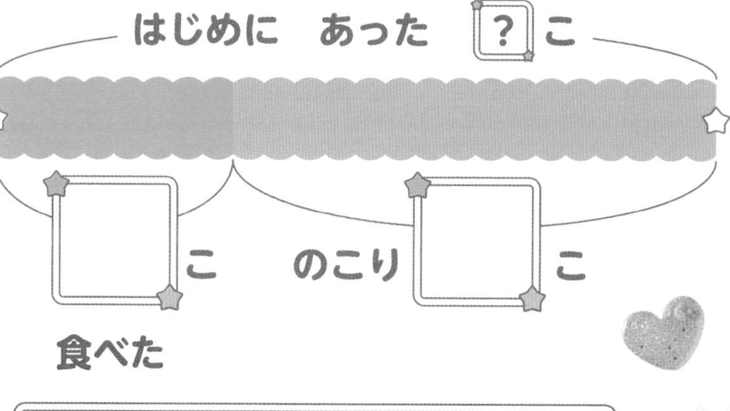

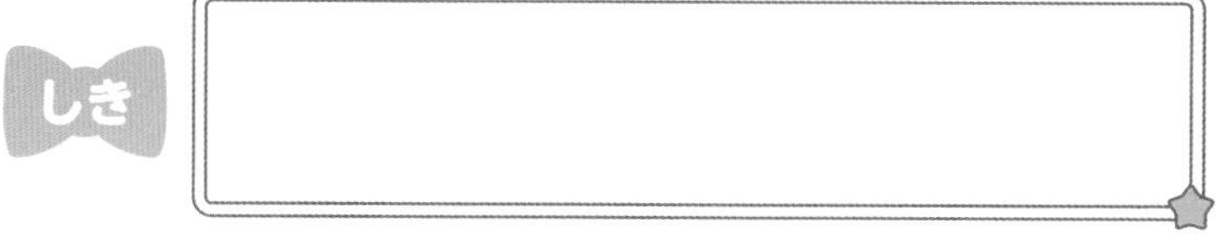

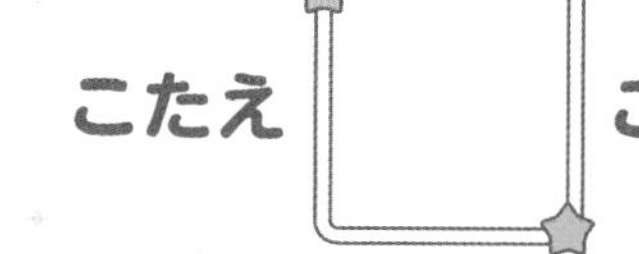

たくさん　食べたね！
さいしょは　何こ
あったのかな。

2 リボンが　1本　あったよ。
45cm　切りとったら，のこりは
27cmに　なったよ。
もとの　リボンの　長さは
何cmだったかな？
図を　かいて　考えよう。

しき

こたえ　　cm

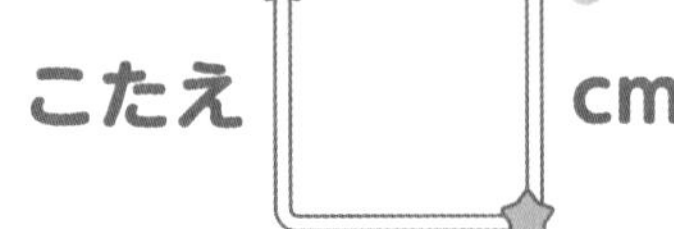

図は，これから
いろんな　もんだいで
つかえるよ！
まほう　みたいに
べんり！

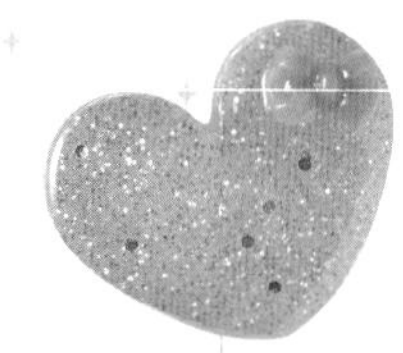

図を　つかって　考えよう(2)

月　日

答え112ページ

1 教室(きょうしつ)に　18人　いたよ。
何(なん)人か　入ってきたので，
31人に　なったよ。
入ってきたのは　何人かな？

2 チョコレートが　52こ　あったよ。
何こか　みんなに　あげたら，
のこりは　14こに　なったよ。
みんなに　あげた　チョコレートは
何こかな？
図を　かいて　考(かんが)えよう。

しき

こたえ　　こ

頭(あたま)の　中が　ゴチャゴチャに　なったら，まほうの　ことば「図を　かこう」。

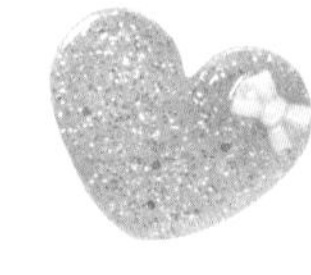

47 まとめテスト⑤

1 □に　あてはまる　数(かず)を　かこう。 1つ7てん

① 100を□こ　あつめた　数は

5000

② 8000より　2000　大きい

数は□

2 計算(けいさん)を　しよう。 1つ8てん

① 600＋600　　② 900＋700

③ 1400－800

④ 1200－500

100の
まとまりは
いくつあるかしら。

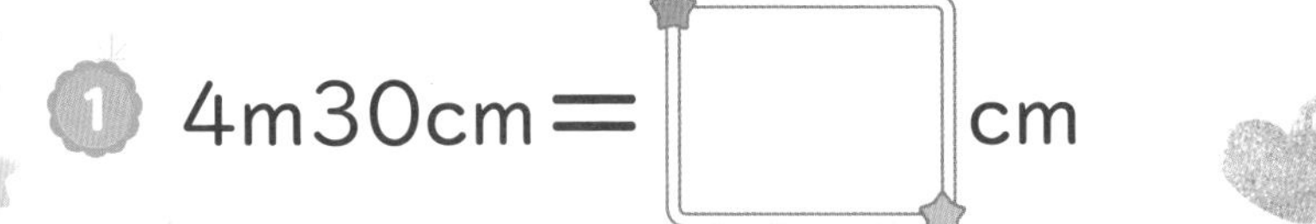

3 □に あてはまる 数を かこう。

1つ8てん

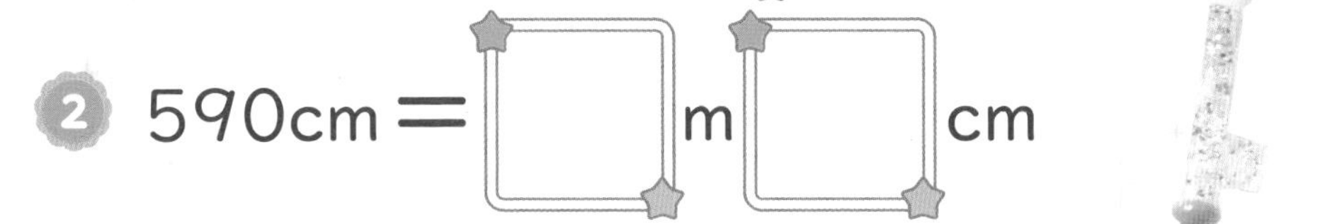

① 4m30cm＝□cm

② 590cm＝□m□cm

4 くじが 83本 あるよ。 くじは あたりか はずれで，はずれの くじは 65本 入っているよ。 あたりの くじは 何本かな？ 図を かいて 考えよう。

図10てん　しき10てん　こたえ10てん

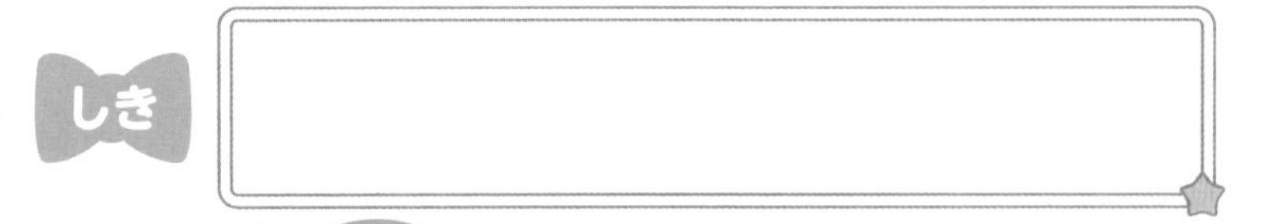

しき

こたえ □本

48 考(かんが)える 力(ちから)を つけよう 6

月　日　答え112ページ

1

キラキラシールが　たくさんあるよ。
何(なん)まいあるのかな？

① 1まいの　シートに
☆の　シールが
いくつ　あるかな？

（　　　　）こ

② シートが　12まい
あるよ。
☆の　シールは
ぜんぶで　いくつ
あるかな？

（　　　　）こ

2

ストラップを　作って　お楽しみ会の
お店に　出したいー！

じゃあ，ストラップの　ねだんを　つぎの
ルールで　きめよう。「キラ」は，お楽しみ会の
お店で　つかえる　お金の　たんいだよ。

ねだんの　つけかた

 を	1こ	つかうと	1000キラ
 を	1こ	つかうと	100キラ
 を	1こ	つかうと	10キラ
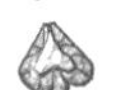 を	1こ	つかうと	1キラ

ストラップの　ねだんを　つけよう。

①

②

□ キラ

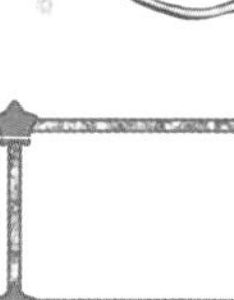

□ キラ

答え

たし算の　ひっ算⑴

5〜6ページ

1　①37　②87　③78　④98
⑤96　⑥89　⑦98　⑧99
⑨65　⑩89

アドバイス

繰り上がりのない2桁のたし算です。筆算は，位をそろえて書くことを定着させましょう。

2　しき　13＋25＝38
こたえ　38こ

3　しき　24＋51＝75
こたえ　75ひき

たし算の　ひっ算⑵

7〜8ページ

1　①61　②90　③71　④92
⑤96　⑥83　⑦74　⑧95
⑨68　⑩93

アドバイス

繰り上がりのある2桁のたし算です。
筆算で，繰り上がりの「1」を上に書くことを習慣づけましょう。

2　しき　47＋37＝84
こたえ　84人

3　しき　28＋45＝73
こたえ　73こ

たし算の　ひっ算⑶

9〜10ページ

1　①82　②90　③93　④96
⑤84　⑥85　⑦80　⑧91
⑨83　⑩67

2　しき　35＋45＝80
こたえ　80こ

3　しき　26＋26＝52
こたえ　52まい

アドバイス

文章題でも，式だけでなく，筆算を書くよう指導するとよいです。

たし算の　ひっ算⑷

11〜12ページ

1　①70　②73　③91　④92
⑤64　⑥92　⑦91　⑧86
⑨81　⑩92

2　しき　33＋48＝81
こたえ　81円

3　しき　54＋39＝93
こたえ　93まい

アドバイス

文章題で，たし算の単元だからたし算を使うと，決めつけている場合があります。なぜその式になったかを，説明させてみるのもよいです。

① あ2　い4　う5　え7

アドバイス

3+1=4なので，は4です。
+で4になることから，は2とわかります。
+で，一の位が0になるのは，0+0=0か，5+5=10ですが，
は0ではないので，5です。
15+55=70より，☆は7とわかります。
繰り上がりに注意します。

$$\begin{array}{r} 15 \\ +55 \\ \hline 70 \end{array}$$

②

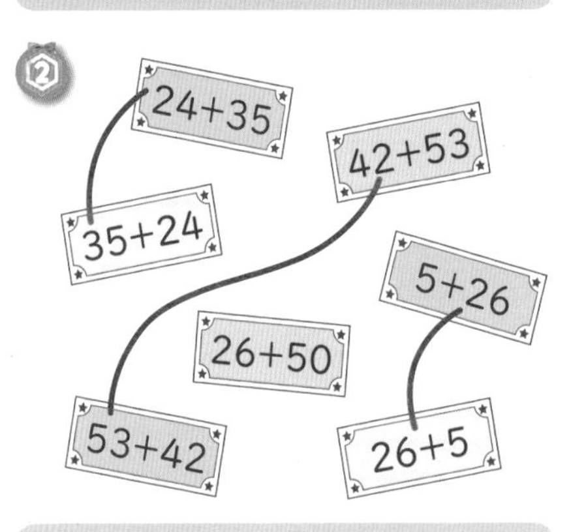

アドバイス

「たされる数とたす数を入れかえて計算しても，答えは同じになる」という，たし算のきまりを使えるかがポイントです。

6 ひき算の　ひっ算(1)

15～16ページ

1 ①11　②23　③62　④6　⑤24　⑥21　⑦30　⑧20　⑨51　⑩13

アドバイス

繰り下がりのない2桁のひき算です。筆算は，たし算と同じように，位をそろえて書くことを定着させましょう。

2 しき　76－63＝13
こたえ　13こ

3 しき　59－28＝31
こたえ　31人

7 ひき算の　ひっ算(2)

17～18ページ

1 ①2　②35　③29　④18　⑤23　⑥68　⑦49　⑧27　⑨38　⑩18

アドバイス

繰り下がりのある2桁のひき算です。筆算で1貸した数に斜線を引き，1小さい数を書くことを，習慣づけましょう。

2 しき　34－19＝15
こたえ　15こ

3 しき　71－39＝32
こたえ　32まい

8 ひき算の　ひっ算(3)　19～20ページ

1 ①15　②18　③33　④18
⑤29　⑥19　⑦48　⑧45
⑨39　⑩47

2 しき　46－29＝17
こたえ　17人

3 しき　75－38＝37
こたえ　37本

アドバイス
文章題でも，式だけでなく，筆算を書くよう指導するとよいです。

9 ひき算の　ひっ算(4)　21～22ページ

1 ①19　②6　③28　④8
⑤14　⑥19　⑦6　⑧37
⑨4　⑩6

2 しき　56－38＝18
こたえ　18こ

3 しき　95－88＝7
こたえ
チョコレートが7円高い

アドバイス
文章題で，ひき算の単元だからひき算を使うと，決めつけている場合があります。なぜその式になったかを，説明させてみるのもよいです。

10 まとめテスト①　23～24ページ

1 ①68　②79　③90　④85
⑤87　⑥50　⑦13　⑧19
⑨9　⑩23

2 しき　46＋48＝94
こたえ　94こ

3 しき　85－27＝58
こたえ　58円

アドバイス
たし算かひき算かわからないときは，実際に硬貨を使って考えさせてもよいです。

11 考える　力を　つけよう(2)　25～26ページ

1 ①あ6　い3　う5
②え9　お7　か8

アドバイス
①　い－0=3だから，いは3です。
あ－う=1だから，あには大きいほうの6，うには小さいほうの5が入ります。
②　0－か=2だから，繰り下がりのあるひき算です。10－か=2と考えて，かは8です。
えには大きいほうの9，おには小さいほうの7が入ります。最後にたしかめをします。

$$\begin{array}{r} 63 \\ -\ 50 \\ \hline 13 \end{array} \qquad \begin{array}{r} 90 \\ -\ 78 \\ \hline 12 \end{array}$$

2 あ30　い5　う16

アドバイス

12+13+㋐=55，25+㋐=55だから，㋐は30です。
㋐+20+㋑=55，30+20+㋑=55，50+㋑=55で，㋑は5です。㋐+9+㋒=55，30+9+㋒=55，39+㋒=55で，㋒は55より39だけ小さい数と考えられるから，㋒は55－39=16で，16です。

12 長さ(1) 27～28ページ

1 5

2 3

3 ①6　②10　③2，7　④9
⑤58

アドバイス

長さの単位cmとmmの関係を，実際に定規を使って，理解させるとよいでしょう。

13 長さ(2) 29～30ページ

1 12，5

2 ①40　②69　③3，5

3 ①10cm3mm　②6cm7mm
③9cm8mm　④13cm3mm

アドバイス

長さのたし算，ひき算ができないときは，cmとmmに分けて，考えさせましょう。

4 4，4

14 3けたの 数(1) 31～32ページ

1 247

2 ①293　②580　③706
④400

3 ①645　②3，7　③901
④320　⑤60

アドバイス

100円硬貨，10円硬貨，1円硬貨などを使って考えると，3桁の数の理解が深まります。

15 3けたの 数(2) 33～34ページ

1 ①170　②620

2 ①1000　②800　③1

3 ①110　②50　③600
④400　⑤590　⑥800
⑦908　⑧300

アドバイス

「10のまとまりがいくつ」「100のまとまりがいくつ」と考えて，暗算をする練習をさせましょう。

4 ①>　②=　③>

16 水の かさ(1) 35～36ページ

1 ①9　②2　③3，4

2 ①10　②7　③1　④90

アドバイス

1Lの入れ物の1目盛り分と1dLの入れ物に入るかさは同じことを理解しているか確認しましょう。

17 水の　かさ(2)　37～38ページ

1 ①1，5, 15　②3, 30
③5，1，51

2 ①10　②4000　③57
④9，2

3 ①8，8　②5，5
③8，7　④8

アドバイス

かさの単位の換算の練習をしておきましょう。

18 時こくと　時間(1)　39～40ページ

1 ①8　②10，20
③1，45　④4，55

アドバイス

日常的に，自宅の時計を見て，時刻をいえる練習をさせるのもよいです。

2 ①2時50分　②4時50分
③3時30分　④4時10分

3 ①90　②1，10

19 時こくと　時間(2)　41～42ページ

1 ①24　②12

2 7

アドバイス

「正午まで何時間」「正午から何時間」と考えるよう指導するとよいです。

3 30

4 ①6時間　②3時間30分

20 計算の　くふう　43～44ページ

1 ①26　②59　③58

2 ①27+9　②27+9
20　7　　3　6

3 ①33-8　②33-8
20　13　　3　5

アドバイス

1 ①は，17+3を先に計算し，何十の数をつくります。このように，暗算をするのに，役立つ考え方を学びます。**4** の問題で「いくつといくつ」に分ける練習をしてもよいです。

4 ①43　②65　③53　④74
⑤55　⑥36　⑦67　⑧48

21 まとめテスト②
45〜46ページ

1 ①7　②24

2 ①150　②70　③340
④700

3 ①36　②8，1

4 ①午後3時10分
②午前11時10分

アドバイス
午前，午後の使い方は，日常の行動に合わせて考えさせるとよいです。

5 ①46　②73　③54　④33

22 考える 力を つけよう(3)
47〜48ページ

1 ①㋒，10
②㋐30　㋒40　㋓38

アドバイス
①　長さのちがいは，ひき算で求められます。15cm－5cm=10cm
②　㋐…25cm+5cm=30cm
㋒…25cm+15cm=40cm
㋓…㋒より2cm短いから，
40cm－2cm=38cm

2 ㋒と㋕

アドバイス
あと5分で10時になることから，10時から5分前の時刻で，9時55分とわかります。

23 たし算の ひっ算(5)
49〜50ページ

1 ①116　②154　③139
④117　⑤107　⑥119
⑦124　⑧174　⑨159
⑩126

アドバイス
答えが3桁になるたし算です。筆算で，位を縦にそろえて答えを書いているか確認しましょう。

2 しき　58＋61＝119
こたえ　119こ

3 しき　42＋96＝138
こたえ　138人

24 たし算の ひっ算(6)
51〜52ページ

1 ①107　②147　③104
④119　⑤149　⑥129
⑦109　⑧128　⑨117
⑩124

アドバイス
答えの十の位の数が0になる計算で戸惑う場合は，硬貨やカードなどを利用して考えるのもよいです。

2 しき　78＋91＝169
こたえ　169円

3 しき　80＋25＝105
こたえ　105cm

25 たし算の　ひっ算(7)

53～54ページ

1　①120　②131　③131　④100　⑤142　⑥126　⑦103　⑧170　⑨132　⑩112

アドバイス

繰り上がりが2回あるたし算です。ミスがあるときは，筆算で繰り上がった1を書いているか確認しましょう。

2　しき　52＋58＝110

こたえ　110こ

3　しき　94＋88＝182

こたえ　182円

26 たし算の　ひっ算(8)

55～56ページ

1　①120　②110　③100　④133　⑤102　⑥111　⑦165　⑧131　⑨124　⑩133

2　しき　67＋45＝112

こたえ　112本

3　しき　75＋55＝130

こたえ　130L

アドバイス

暗算すると，ミスしやすくなります。式だけでなく，筆算も書くよう指導しましょう。

27 ひき算の　ひっ算(5)

57～58ページ

1　①63　②33　③81　④73　⑤93　⑥63　⑦70　⑧91　⑨92　⑩90

アドバイス

3桁の数から2桁の数をひく計算です。答えの位が縦にそろっているか確認しましょう。

2　しき　124－93＝31

こたえ　31円

3　しき　158－73＝85

こたえ　85人

28 ひき算の　ひっ算(6)

59～60ページ

1　①75　②80　③37　④81　⑤94　⑥82　⑦95　⑧60　⑨92　⑩81

2　しき　137－72＝65

こたえ　65まい

3　しき　145－90＝55

こたえ　55mL

アドバイス

繰り下がりのあるひき算は，ミスしやすいところです。計算した後は，見直しをするように指導しましょう。

29 ひき算の　ひっ算(7)
61～62ページ

1 ①17　②72　③59　④59
⑤32　⑥66　⑦89　⑧78
⑨89　⑩89

アドバイス
繰り下がりが2回あるひき算です。繰り下げたことがわかるように，筆算を書くよう指導しましょう。

2 しき　103－45＝58
こたえ　58文字

3 しき　100－56＝44
こたえ　44人

30 ひき算の　ひっ算(8)
63～64ページ

1 ①78　②77　③37　④59
⑤58　⑥79　⑦57　⑧79
⑨69　⑩66

2 しき　125－79＝46
こたえ　46ページ

3 しき　172－94＝78
こたえ　78cm

アドバイス
式だけでなく，筆算も書くよう指導しましょう。

31 まとめテスト③
65～66ページ

1 ①117　②118　③121
④122　⑤130　⑥74
⑦48　⑧86　⑨99　⑩90

2 しき　118－45＝73
こたえ　73円

3 しき　73＋37＝110
こたえ　110ぴき

アドバイス
間違えた問題の単元に戻って復習させるのもよいです。

32 考える　力を　つけよう(4)
67～68ページ

1 ダリア…㋑，デイジー…㋓

アドバイス
2桁+2桁＝3桁，3桁－2桁＝2桁の計算の習熟度をみます。繰り上がり，繰り下がりのミスに注意が必要です。計算した後，答えのたしかめをする習慣をつけさせましょう。

2 ①　103点　②　41点

アドバイス
②　①より，アイリスチームの得点は103点だから，ラテの得点は，103－62=41（点）

33 かけ算(1) 69～70ページ

1 ①10 ②30 ③25 ④45 ⑤5 ⑥35 ⑦16 ⑧6 ⑨8 ⑩14 ⑪4 ⑫18 ⑬9 ⑭24 ⑮18 ⑯12 ⑰21 ⑱15

アドバイス

すぐに答えられるまで繰り返し練習させましょう。

2 しき 5×4＝20

こたえ 20まい

3 しき 3×9＝27

こたえ 27本

34 かけ算(2) 71～72ページ

1 ①12 ②32 ③24 ④8 ⑤28 ⑥36 ⑦4 ⑧16 ⑨20 ⑩6 ⑪24 ⑫42 ⑬12 ⑭18 ⑮54 ⑯48 ⑰36 ⑱30

2 しき 6×7＝42

こたえ 42人

アドバイス

1つ分の数×いくつ分であることを注意させましょう。

3 しき 4×5＝20

こたえ 20人

35 かけ算(3) 73～74ページ

1 ①14 ②28 ③7 ④35 ⑤49 ⑥63 ⑦21 ⑧56 ⑨42 ⑩8 ⑪24 ⑫40 ⑬64 ⑭32 ⑮72 ⑯16 ⑰48 ⑱56

アドバイス

7の段，8の段の九九は，間違えやすいです。声に出して練習させ，問題を出してあげるのもよいでしょう。

2 しき 8×5＝40

こたえ 40こ

3 しき 7×9＝63

こたえ 63人

36 かけ算(4) 75～76ページ

1 ①36 ②18 ③45 ④27 ⑤81 ⑥9 ⑦54 ⑧63 ⑨72 ⑩2 ⑪7 ⑫5 ⑬3 ⑭9 ⑮1 ⑯4 ⑰8 ⑱6

2 しき 9×9＝81

こたえ 81まい

3 しき 1×7＝7

こたえ 7ページ

アドバイス

答えが求められればよいのではなく，問題文の意味を理解して，式を立てることが大切です。

37 かけ算⑸ 77～78ページ

1 ①15 ②4 ③36 ④16
⑤63 ⑥2 ⑦32 ⑧20
⑨28 ⑩42 ⑪45 ⑫24
⑬24 ⑭5 ⑮4 ⑯35
⑰16 ⑱72

アドバイス

すべての段の九九が混ざっていても，すぐ答えられているか確認しましょう。

2 しき　4×3＝12
こたえ　12こ

3 しき　5×7＝35
こたえ　35dL

38 かけ算⑹ 79～80ページ

1 ①14 ②9 ③36 ④30
⑤27 ⑥18 ⑦40 ⑧1
⑨81 ⑩24 ⑪42 ⑫45
⑬21 ⑭35 ⑮9 ⑯64
⑰10 ⑱12

2 しき　8×8＝64
こたえ　64まい

3 しき　7×4＝28
こたえ　28人

アドバイス

問題文にある数字をただかけている場合があります。意味を説明させるのもよいです。

39 まとめテスト④ 81～82ページ

1 ①20 ②14 ③18 ④8
⑤35 ⑥24 ⑦36 ⑧28
⑨12 ⑩4 ⑪25 ⑫27
⑬16 ⑭49 ⑮6 ⑯40
⑰54 ⑱24

2 しき　5×3＝15
こたえ　15こ

3 しき　4×8＝32
こたえ　32本

40 考える　力をつけよう⑸ 83～84ページ

1 ㋑

アドバイス

かけ算の式の意味を理解しているかをみます。かけ算の式は
［1つ分の数］×［いくつ分］＝［全部の数］
で表されるので，8×8の式にあう並び方は，8個ずつ8つのまとまりである㋑とわかります。
㋐は6×6　㋒は6×4　㋓は5×4＝20，2×2＝4，20+4＝24と表すことができます。

21 ①（ ○ ）（ 　 ）
②26

アドバイス

①

デイジーのカードは，ななめに3こ並びます。学習意欲に応じて，8の段なら，どちらが3こ並ぶかも，挑戦させてみましょう。
②九九の表を見て，26がないことを確認させましょう。他の数字についても，九九の答えにあるかないかを答えさせると，よい練習になります。

41 4けたの 数(1) 85～86ページ

1 ①3812 ②5，6，4
③9，7 ④4258

2 ①> ②> ③<

3 ①2700 ②51 ③30

42 4けたの 数(2) 87～88ページ

1 ①1300 ②1100 ③500
④600

アドバイス

何百のたし算，ひき算では，「100がいくつ分」と考えるよう指導します。

2 ①1900 ②4300

3 ①5800 ②6000

4 ①10000 ②1000
③1000

5 ①7000 ②9000 ③9960
④9990

43 長さ(3) 89～90ページ

1 ①1 ②5 ③6，10

2 ①900 ②360 ③8，15

3 60

4 ①80 ②35

44 長さ(4) 91～92ページ

1 ①2 ②6，70 ③901

2 ①1，70 ②1，15

アドバイス

定規を使って，身の回りのものの長さを測ってみるとよいです。

3 ①2，30 ②2，90

4 ①m ②cm ③mm

1

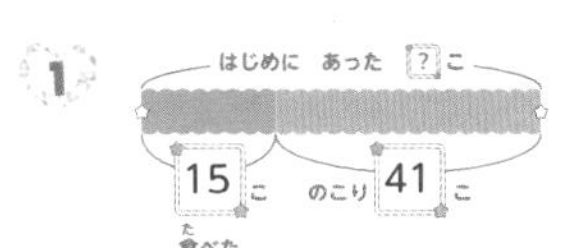

しき　15＋41＝56

こたえ　56こ

2

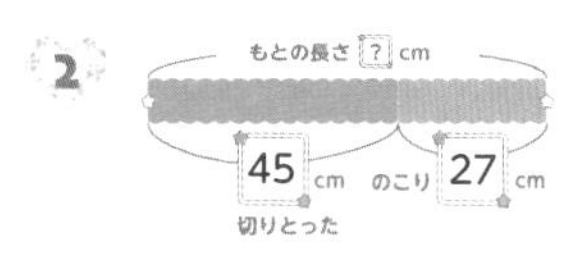

しき　45＋27＝72

こたえ　72cm

1

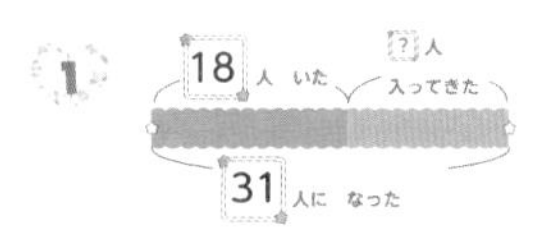

しき　31-18＝13

こたえ　13人

2

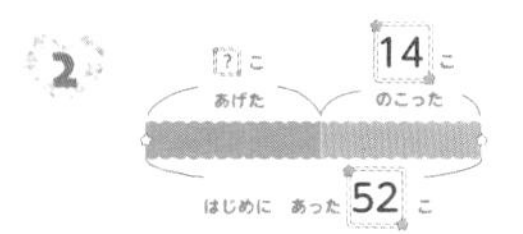

しき　52-14＝38

こたえ　38こ

1　①50　②10000

2　①1200　②1600　③600
④700

3　①430　②5，90

4

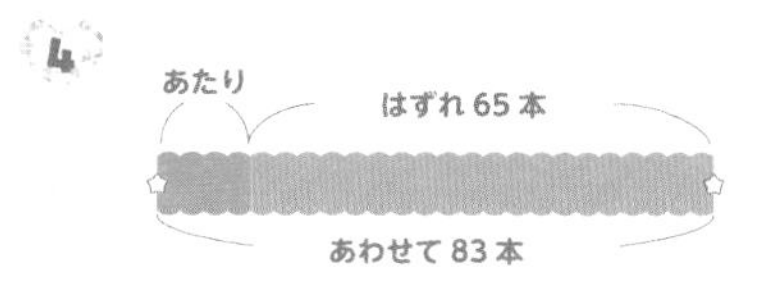

しき　83－65＝18

こたえ　18本

1　①100　②1200

アドバイス

①　1列に10こずつ，10列並んでいます。10が10こで100です。

②　100のまとまりが12あることから考えさせます。

100が　10こで　1000
100が　2こで　200
あわせて　1200

2　①1210　②1111

アドバイス

①　1000が　1こで　1000
100が　2こで　200
10が　1こで　10
あわせて　1210

②　1000が　1こで　1000
100が　1こで　100
10が　1こで　10
1が　1こで　1
あわせて　1111

位をそろえて書くことが大切です。